# 101 BEST FOOD EXPERIENCES OF CHINA

# 中国美食之旅

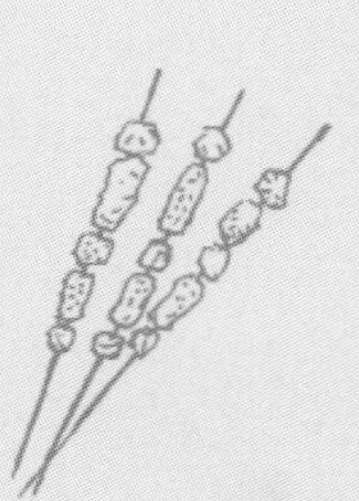

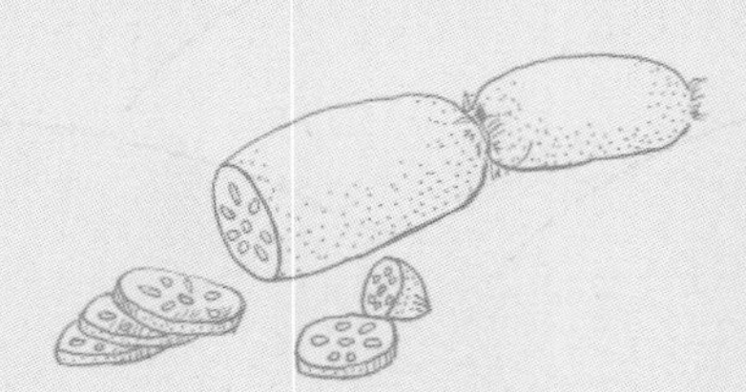

# 101中国美食之旅

**中文第一版**



---

**图书在版编目（CIP）数据**

101 中国美食之旅 / 澳大利亚 LonelyPlanet 公司编；钱晓艳等著 . -- 北京：中国地图出版社，2015.10（2017.7 重印）
ISBN 978-7-5031-8818-3

Ⅰ . ①1… Ⅱ . ①澳… ②钱… Ⅲ . ①饮食－文化－中国 Ⅳ . ① TS971

中国版本图书馆 CIP 数据核字 (2015) 第 233472 号

**出版发行** 中国地图出版社
**社　　址** 北京市白纸坊西街3号
**邮政编码** 100054
**网　　址** www.sinomaps.com
**印　　刷** 北京华联印刷有限公司
**经　　销** 新华书店
**成品规格** 185mm × 240mm
**印　　张** 15
**字　　数** 408千字
**版　　次** 2015 年10月第1版
**印　　次** 2017年7月北京第3次印刷
**定　　价** 69.00元
**书　　号** ISBN 978-7-5031-8818-3
**图　　字** 01-2015-6278
*如有印装质量问题，请与我社发行部（010-83543956）联系

**Lonely Planet**
(公司总部）ABN 36 005 607 983
电话：+61 3 8379 8000
传真：+61 3 8379 8111
联系：lonelyplanet.com/contact

街头的早餐档。GETTYIMAGES 提供

# 目录

# 目录

目录

## 目录

GETTYIMAGES 摄

# 知食走天下

**欧阳应霁**
饮食旅行作家

连续25年，每年的4月，我都会像候鸟一样，辗转或者索性直飞意大利米兰，名义上是因为我的职业身份——从媒体角度观察报道一年一度的国际家具展米兰设计周，把这设计界的头等风云际会之大事第一时间向大家披露。但熟知我的老友其实一眼就看穿，我来，是因为念念不忘那肚子里必有回响的变化多端的各式各样意大利面、炖饭、生牛肉片配芝麻菜和帕玛臣奶酪，酥炸小鱼和墨鱼须，炆小牛膝，煎牛排配原粒青胡椒汁……我明里暗里都任性都犯贱，把堂堂设计周变成满足一己口腹之欲的美酒美食节。但我真心高兴，也理直气壮地认为设计、艺术、美食，根本就是生活里缺一不可的基本元素，当然，最重要的是热情。

正因如此，从二三十年前学生时代开始背包远走欧美各大城市，向心仪的

历史和现代建筑现场以及艺术品设计品真迹朝圣致敬，到进入职场后，利用工余时间转向阿拉伯半岛、非洲、印度、东南亚诸国等古老文化探源，以至近十多年穿梭来往中国内地大城小镇，把自己追求的生活方式及理念与身边更多的朋友分享——一路上把追寻各地饮食文化背景和记录现状作为目的，将焦点集中在当地食材、地道烹饪方法和本土饮食习惯上，希望通过长久的经验累积，让自己由一个简单吃货进化成一个能吃、爱吃、懂吃的“知食分子”。

所以你可以肯定我到上海见客户的同时是为了中午那一碗葱油开洋拌面加一块肥厚的焖肉，还有那会议和会议之间溜出去吃得满口油的刚起锅的生煎馒头；在北京到学校工作演讲的时候跟同学们谈起我大清早赶去喝至爱豆汁的时候把大家都吓一跳；当然还有重庆的小面、武汉的热干面、厦门的沙茶面和泉州的面线糊以及西安的泡馍和腊汁肉夹馍……越是接地气的小吃越能吃出地方精神、文化真谛，一如我每到一个地方首要冲去的是当地充满能量的菜市场。

许多年过去，我肯定是忘记了我到各方各地究竟到过哪些地标景点，但那隐蔽在居民街角的食肆和当中有所坚持的惊喜不绝的食物，就是我在这些并不熟悉的城市中给自己的定位方法。旅行和美食是如此完美地衔接，真实和直接地反映出一个地方和一个社会的进退现状，鼓舞有时，感叹有时，雀跃有时，愤怒有时。于我而言，食物和饮食文化不是一成不变的“传统”，而是一种与时俱变的过程。

家在香港。每回离家外出，临行前都会在机场吃上一只粤式饮茶的糯米鸡，或者一碗加了荷包蛋的食神叉烧饭；回港的第一顿得马上吃上一碗云吞银丝细面，或者饭前先来一碗菜胆猪肺炖汤。家传菜式、家乡饮食永远是头等“Comfort Food”，回家，也就是为了下一回更龙精虎猛地出门“知食”。

CFP 提供

# 味在中国是一种道

**叶孝忠**
旅行作家

20年前，当我第一次踏足神州大地，第一个目的地是桂林。游览了那些只在课本上和老人口中出现的景点后，在当地人推荐下来到了一家小馆子，毫不起眼的饭馆人气爆棚。

浏览菜单时，我发现了另外一个世界。各类虫子、狗肉等都能像家常菜一样被端上餐桌，服务员热心地提醒我们不要错过今日特餐：有新鲜的鼠肉！我当时还没被中国式的美食体验“训练”出勇敢的味蕾和肠胃，只好婉拒，结果为此后悔多年。

几年前，我到广西宾阳看火舞龙，街边摊摆着一排排的田鼠，油亮亮的，更似烤乳猪，这次我已经准备好了，决定不再错过。唯有旅行，才能让错过不再是错过。

于吃货而言，一场精彩的旅行，就是一席流动的盛宴。在内地生活超过10年，我或许唯一积累的就是对吃的勇气。由古至今，中国人爱吃、懂吃、敢吃，要真正了解中国文化或领略当地风貌，最好的捷径就是通过味蕾。味道，味道，味在中国，是一种道。

在台北街头乱吃，摆上桌的都是历史和文化。一部台湾美食史可能就是一部中国近代史。1949年，国民党迁台以后，内地各省的美食记忆从此在岛上融

CFP 提供

合扎根，更是演变成台湾独家的思乡美食。著名美食如川味牛肉面、福州面、蒙古烤肉等，不少都是老兵和外省人的发明。

一群朋友在北京馆子聚餐，总要以“拔丝XX”作为甜蜜的句点，这道菜吃的过程比食物本身还要有趣。美食要分享，才能产生乐趣。分食是中餐最重要的特征之一，因此中餐厅内的圆桌比方桌多。除了拔丝，火锅更是分食主义的最高体现。现在中国人最热衷在开饭前先让相机“吃”，然后发上朋友圈，那不也是一种新时代的分享主义吗？让远方的家人朋友，知道自己就算身处异乡，也同样能吃得好。

苏州是“不时不食”的最佳代言人。烟雨迷蒙中，在装修得富有园林情调的

馆子里吃红烧河豚，把河豚皮慢慢吞进肚子里，让细细的刺轻轻划过食道，那是苏州春日最独特的口感；夏日炎炎不止好眠，这季节采用虾肉、虾子和虾脑烹制而成的三虾面就会登场，苏州的鲜美和精致都高度浓缩在这碗毫不起眼的面食里；秋风起，蟹黄肥，现代的李渔携着“买命钱”纷纷出动了……你选择不同的季节来到苏州，你的味蕾回忆就有不同的感受。

祖籍福州的我，在福州第一次尝试到正宗的福州鱼丸，味道竟然和新加坡的如此相似，服务员说的话和我小时候听到的完全一样。原来每一个离乡背井的中国人，最放不下的行李就是美食的记忆和家乡的声音。

中国人说吃有吃相。不同食物，你当然要用不同的方式来消灭它。鸭脖子要啃，羊骨头要吮，茶要品，酒要饮，吃螃蟹用蟹八件，喝汤用汤勺，吃面用筷子。只能和好朋友们吃小龙虾，因为陌生人会被你的吃相吓到。小笼先咬后吮然后才嚼。如果你分不清主次颠倒了次序，反而会让食物伤到你。这些是中国美食常识，不也是中国式的生活智慧吗？

全球化的影响，南北文化的融合，交通的日益便利，让各地闭塞的美食也能昂首阔步走出家门，那吃货们为什么还要旅行呢？原因当然不只因为烤鸭在北京，叉烧在广州那么简单。

或许你也有过这样的体会，走入京城一家四川馆子，周围的食客都是四川人，带你来的四川朋友说这馆子的厨师和蔬菜都是由四川空运过来的。饱餐一顿后，味道确实和在四川吃的差别不大，但总觉得缺少了什么，这个“什么”就是旅行。

美食体验不只是味蕾和食物的亲密接触，正如旅行一样，最最难忘的往往是过程。出发前上网找各种资料，向当地朋友求助，翻看指南（当然是Lonely Planet指南）做笔记，到了目的地后费心机地寻寻觅觅，倘若迷路就会让接下来上场的饭菜更香。菜端上桌后，服务员用带有当地口音的普通话为你一一讲解，你一定也听说过上海某家本帮菜馆里那个难搞的老板娘，用爱理不理的语气伺候着甘心排队受虐的食客。一口青海的酸奶，一碗兰州的拉面，一盘小丘一样高的新疆大盘鸡，一杯先苦后甜的广东凉茶，这些最地道的滋味，因为掺杂了旅途上的欢愉和遇见的人、事、物，滋味变得更为深刻。美食之所以动人，不外是那滋味里难以名状的人情。

在青藏高原上等过路车，一辆辆呼啸而过的越野车，就算有空位都不愿意停下来拉我。一个藏民和他的十几头羊看着我等车，语言不通，我们就用比手划脚来聊天。他不时给我递酥油茶，因为加入了粗犷藏地的柔情，那味道真香。

在内蒙古露营时，骑着摩托车的牧民抱着一头羊过来问我们买不买？牧民帮我们宰羊、剥皮、生火，油脂滴在柴火上吱吱作响，并散发出烤肉的绵绵香味，眼前是静止不动的亿万年山河，此情此景，成吉思汗是否也见过并感受过？

在浙江仙居入住民宿，庭院里的走地鸡愉快地啄食，似乎还不知道它们今晚的命运。习惯了城市里打激素的鸡肉，渐渐忘记了食物的原味，我们在百年大宅里，和它的主人们，重温了何谓“鸡味”。

为了寻找那传说中京城最美味的烤鸭，我们在胡同里迷了路。深沉的夜色，灰扑扑的胡同有林海音《城南旧事》里的布景。原来在瞬变的京城，还有一些坚持不肯放弃。这时候胡同的尽头出现了光、排队的人龙还有空气中萦绕不去的烤肉香，一缕缕地漫入你的回忆。

在香港的一家台湾馆子里，我吃到了小学食堂里卖的卤鸡翅，那咸中带甜的卤味，自从离开学校之后，就再也无缘品尝。我以为自己已经忘记，可无论经过多少年，尝过的美好滋味会一直跟随着你，只需要一次旅行和邂逅，它们就会苏醒过来。

在威海旅行，就专程去寻找传说中的海草村，回程时，司机把我带到一个只有当地人才光顾的海鲜馆子，点了一盆盆的青口和生蚝，白菜价的新鲜食材，搭配清爽的青岛啤酒，吃得更是过瘾。

现在我几乎忘记了游览海草村的细节，只记得桌面上的满满残骸。

忆江南，最忆是杭州。忆杭州，最忆是15年前楼外楼的东坡肉；某年春天西湖边上小馆子的莼菜汤；龙井村的炒茶味混杂着微雨山林里的清新；十月桂花化成甜品的淡淡幽香。每个季节有各自的味和道，因此我们需要旅行，在不同的季节回到同样的目的地。

在当今的中国旅行，那些重新“包装后”的景点可能会让慕名已久变成一种失望，但唯有美食永远能牵动人心。丽江的人山人海令人恐惧和厌倦，去这些地方旅行，要花更多时间来收集美食情报，这是唯一爱上它的方法。如果丽江没有排骨火锅和忠义市场，我的确不会想再回到那里。

吃过才活过，盛宴必散。但最美好的旅行总会一步一步往回家的方向走去，只有点点滴滴会长存于回忆的坛子里，让时间发酵，对美食的记忆也一样。无论是风光和美食，还是浓厚的人情和曲折的故事，都是最香醇而令人回味的。

“美食体验不只是味蕾和食物的亲密接触，正如旅行一样，最最难忘的往往是过程。”

（左、右）GETTYIMAGES 提供

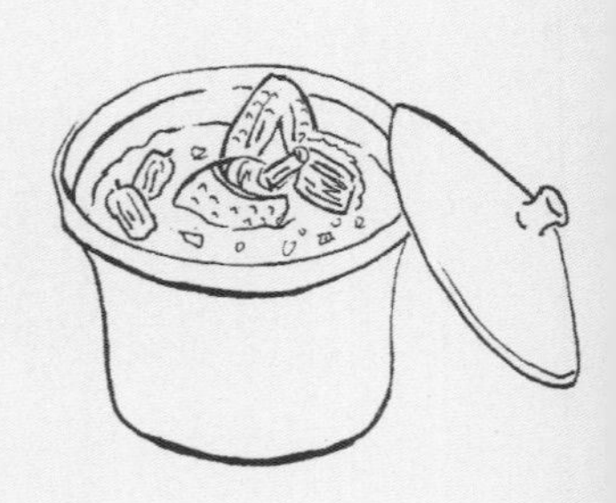

广东人在饮食文化中的维度和造诣令人惊叹，选取食材在空间地域的广泛性、因应时节功能的考究传承、制作的细腻和大胆创新，“食在广东”四个字绝非浪得虚名。

从中心腹地广州出发，你会先品尝到崇尚原汁原味的广府菜，把传说中的饮茶、点心、凉茶、宵夜一网打尽。珠江流经水网纵横的珠三角地区，在这里可寻得以清、鲜、爽、嫩、滑为特色的顺德菜——顺德鱼饼和水库蒸鱼，各种河鲜菜式。沿海的代表有靠海而生的湛江菜，而原味炭烧生蚝和以沙姜为作料的湛江鸡在广东无人不晓。东南沿海讲究食材新鲜的潮汕菜独树一帜，有手打鱼蛋和卤水名食。在中部北部和其他区域，散布着中原一脉相承的重口味客家菜，还有五邑菜，新会陈皮鸭和台山鼎鼎有名的黄鳝饭，足以让味觉惊艳。

从时节上来说，广东人的饮食时间表是一年四季满满的：入春开始滋补饮靓汤，广东人家家户户会煮老火汤。夏季恋甜品和凉茶，降暑气去湿热。“秋风起，食腊味”。深秋时节吃腊味，这时候热气腾腾的煲仔饭登场，广式腊味咸中带甜，微带酒香。冬季打边炉（火锅），从广府地区的盆菜到潮汕著名的牛肉火锅无不新鲜丰盛。

体验广东人的饮食文化，须从清早饮早茶开始，大多广东酒楼提供“早茶—午饭市—下午茶—晚饭市—夜茶—宵夜”的几乎全天候服务。另一道风景是灯火通明、通宵营业的露天大排档，现做的海鲜，镬气的小炒，是活色生香的广东食客夜生活写照。

煲仔饭。GETTYIMAGES 提供

# 烧腊

## 【粤菜的第一道招牌】

说烧腊是粤菜的一张金漆招牌，估计没有人站出来反对。在广州，评价一家粤菜餐馆的首要标准，就是看烧腊做得好不好。烧腊能拥有如此德高望重的地位，皆因其苛刻的材料选取，制作繁复，层层工序近乎吹毛求疵的考究，才能确保做出地道的滋味。广式烧腊一般分为烧味类、卤味类、腊味类三种，而广府人的餐桌上最爱吃的烧腊三宝，是烧鹅、白切鸡和叉烧。

烧鹅在于皮脆和汁液的芳香。上好的烧鹅是香港深井烧鹅，用传统的大缸加炭火，以文武火均衡烤制草鹅，做出来的烧鹅是香喷喷的，切开能看到皮和脂肪分开，皮色泽金红，一口咬下皮脆啵啵，烤肉汁流入口腔回荡，皮下脂肪不多，肉质刚刚好，香而不油腻是为烧鹅的最高境界。吃的时候配以咸的烧汁和解腻的酸梅酱，回味无穷。

白切鸡的代表作当属广州"清平鸡"，除了煮鸡的汤料是秘传的药材与河鲜的混合，还讲究浸鸡技巧"七上八落"，让鲜美的汤汁灌入鸡身，以冰水"过冷河"，鸡肉在起落浸润之间变得紧致、滑嫩。上好的白切鸡能做到"皮爽肉滑，骨里有味"八个字。重要的配菜是剁碎的姜葱和封味的油碟蘸酱，姜要选浓厚的本地姜，点着吃，姜葱的烈能瞬间提亮甘香酥软的鸡肉。一份美妙的姜葱蘸酱，可以成为饭桌上的主角，有些人甚至拿来直接拌白饭吃。

最棒的叉烧都选自"一指梅肉"，指的就是猪颈后的里脊肉，保证肉厚而肥瘦均匀，通过花生酱、海鲜酱、柱候酱、五香粉等腌制入味，再用大火封肉烤制，把肉里面的汁水牢牢锁住，最后刷上麦芽糖回炉烤至亮红发光。三分肥，七分瘦，甜香的麦芽裹住汁多肉滑的花肉，入口香味浓郁，肉质爽厚而富层次感。

GUANGDONG 年 月 日

## 红红火火 好“意头”

在满汉全席中，有一道主打菜肴，就是烤乳猪。要出动到烤乳猪的场合，必是隆重的大排场，比如我们在港产片中能看到黑社会老大们经常在关二哥神坛之前拜祭，必有一只赤红的脆皮烤乳猪。电影开拍时，又或者公司开张、店铺剪彩仪式，舞狮子放鞭炮之后就是大伙一起切烤乳猪拜神。

红皮赤壮的乳猪象征着红红火火的吉利之意，这些都是广东人的风俗，传统烤乳猪既是祭祖的重头戏，也是婚庆喜事的馈礼。在祭祖时节，家族的人会抬着烤乳猪去祭先人，然后亲戚们在现场或接下来的餐宴上分而吃之。所以清明前是烤乳猪的好时节，酒家食肆都纷纷将“祭祖金猪”作为销售王牌推出。而在广州人婚宴和寿宴之中，乳猪也是必不可少的吉利菜肴，通常上的第一道便是鸿运乳猪拼盘，除了乳猪，还有烧鹅、叉烧、烧排骨、卤水熏蹄等，切成片状或块状摆放，意味着丰盛富足。品尝烤乳猪，时效上以刚出炉的为最好，首先是视觉上那层红棕泛油、流光溢彩的猪皮，然后是入口干香酥脆，肉质滑嫩，佐料是细砂糖和海鲜酱。

## 何处吃

广州和近郊地区的各大酒家茶楼和烧腊店都能吃到地道的烧腊，一些连锁的烧腊外卖店能买到新鲜的烧腊，如**大塘烧腊**、还有**炳胜酒家**的脆皮叉烧，也是得奖无数。比较老字号的店，还有：**文记壹心鸡**，吃白切鸡的老店，位于广州荔湾区宝华路旋源桥10号（顺记冰室斜对面小巷内）；**烧鹅妹**，以祖传大缸和荔枝木烤制烧鹅，位于番禺钟村镇市广路段隧道口侧。

（下）烧腊摊档。GETTYIMAGES 提供

# 广式饮茶

【收买全世界的胃】

广州白话的“饮茶”指的是喝茶，喝茶可以广泛诠释为单纯的泡茶喝，但在广州更倾向于指地道的粤式早茶。茶楼在广州兴起大约有100多年，清咸丰年间，广州出现了一种名叫“一厘馆”的小茶馆，小茶馆内摆着几张木制桌椅，为客人提供茶水和小点心，功能和现在的茶楼相似。这些小茶馆很快赢得当地人喜爱，形成了广东的早茶习俗。

在饮茶的方言文化里，“一盅两件”是广州人喝早茶的缩影，这里的人早上见面相互问候的第一句话往往是“饮咗茶未？”（喝茶了吗）。广州人的饮茶是从清晨开始的，羊城未醒的清晨，茶楼等位已经人满为患。守得楼开，人们三五成群入席，服务生忙着倒水沏茶，鼎沸的人声与碗碟碰撞的清脆声音让茶楼的氛围迅速升温。“叹茶”的第一步首先是选茶：乌龙茶、铁观音、普洱茶、菊普茶（普洱茶中加入菊花），而这只是前戏。随后一辆一辆载着小小圆形竹笼的点心车，在餐桌旁缓缓穿梭，大戏主角才正式登场。广式点心有上千种，分为干湿和咸甜几大类，每款是精雕细琢的3~4件。地道的广州茶客上茶楼必点的当数皮薄透明如水晶般诱人的“虾饺”、肉爽而厚实的“干蒸”、甘香回味的凤爪，还有排骨、萝卜糕、牛杂、叉烧包、蛋挞……

饮茶有两大趣味：一是讲究DIY自助精神，食客需要果断把路过的点心车截停，凑上去逐一掀开热气腾腾的竹笼盖子，找寻并取走自己想吃的小点。把开位的卡交给服务员，他会在卡上盖上对应的小章，以示你取过什么点心；二是享受美食不受时间限制，如今的饮茶可以分为早茶、下午茶、夜茶，在一些大的酒家，往往是饭市和茶市连着做，称为“直落”，足见饮茶已经是广州人全天候的生活方式。

GUANGDONG 年 月 日 广东

## 【饮茶的讲究】

日常一盅两件的饮茶，看似平凡家常，但要学老广州那样懂得饮茶的门道，还是有诸多小仪式和规则的。广州饮茶仪式，有一些约定俗成的礼仪，比如开始就餐时，服务员会拿来一个透明小盘子，大家把茶壶的第一趟水用来洗杯子和碗筷，倒在盘子里。正式喝茶时，先向长辈和客人倒茶，最后才到自己。

别人为你斟茶的时候，人们会以一个小动作表达敬意，就是“叩首茶礼”——用食指和中指轻叩桌面，以致谢意。据说这一习俗源于乾隆下江南的典故。相传乾隆皇帝到江南视察微服私访时在茶馆给随行的仆从斟茶。仆从为了不暴露乾隆的身份，将食指和中指弯曲轻叩桌面，以示跪谢。后来，这个故事流传下来，逐渐演化成广式饮茶时的特别礼仪。

还有一个有趣的饮茶动作，就是“自揭壶盖”，当一壶茶喝完时，想让服务员加水续茶，广州人的做法不是大声呼喊，而是静静地把壶盖翻开放在壶耳之上，服务员路过见到掀起的壶盖自然会替你加茶。整个过程安静文雅，不得不赞叹这种心领神会的交流方式。

（左）广式早茶上餐。GETTYIMAGES 提供

（上）虾饺等广式早茶茶点。GETTYIMAGES 提供 （下）广式蛋挞。GETTYIMAGES 提供

## 何处吃

### · 广州荔湾区第十甫路

广州荔湾区西关汇聚几家响当当的老字号茶楼，包括上下九步行街第十甫路上的**莲香楼**、**陶陶居**、**广州酒家**，还有荔枝湾涌的**泮溪酒家**。茶楼沿袭了百年老店的装修，雕梁画栋古色古香，除了茶点出品是首屈一指，糕饼和粤菜也是一流水平。

GUANGDONG 年 月 日 广东

# 老火靓汤

【煮的是功夫，喝的是亲情】

品尝之前，不难理解这个生动形象的名字，拆开“老火靓汤”四个字——老是“久”，煮的是耐心，让食材的精华营养浸透于汤中。火指把握好火候，煮的是精心。靓需选取优质材料，熬出美味回甘。汤则是广府人因当地特色气候而传承数千年的食补养生之术，据史书记载：“岭南之地，暑湿所居。粤人笃信汤有清热去火之效，故饮食中不可无汤。”老火汤的功效在于夏季清热祛湿，冬季温补滋润。

传统的老火靓汤，在味觉上是一碗层次丰富的匠心之作，需要以肉类食料带出浓郁的汤汁，辅以不同药材如红枣、淮山、人参、川贝、鸡骨草等针对不同食疗功效。以厚砂锅，文火慢煲，或以炖盅，放置于蒸炉之内炖热，少则1~2个小时，长则4~5个小时，力求逼出食材的原汁原味。无论是香味浓郁的花旗参炖鸡汤，还是口感清爽的猪肺杏仁菜干汤，清甜润肺的川贝枇杷排骨汤……上百种老火靓汤，针对不同时令，配以不同汤料，达至不同功效，既是美味的熬制也是养生的学问。

在广府人的心目中，汤也是一个等同于“家”的温暖名词，它的魅力，可以是让上班一族每天回家加快脚步的理由，也是在外的游子魂牵梦挂的思乡情怀之物。

## 何处吃

### 达杨原味炖品

广州越秀区文明路160号-1铺（近文德路）

广州尚存历史最悠久的炖品汤店，式炖汤功能各不同，清热解毒的有“炖龟”、“炖水鱼”，滋补的有“炖鹧鸪”和炖竹丝鸡”。还有重口味的“炖牛鞭”、炖牛脑”，不妨鼓起勇气，挑战（心理）限。另外同福东路582号（近市二宫）的**乐炖品店**也是另一个老字号选择，食客多数是附近多年的老街坊。

（左上）广州街头的老火靓汤。CFP 提供 （右）广式老火汤食材。GETTYIMAGES 提供

**郑慕雅**

传统广州人，“玛记生活”汤方主理人

作为地道广州人，在郑慕雅的心目中，广东汤水就像一门母语，让家人之间的关系更亲密。广东汤水重在春天祛湿，夏天去燥，秋天滋润，冬天进补。广东人爱从食物中得到养生，例如菜品里会有营养价值高的食材，而这些都在老火汤中展现得淋漓尽致。

#### 推荐的老火汤

提到她最爱的一款靓汤时，郑慕雅认为，在上千种广东老火汤中，女性一定要喝“红枣炖瘦肉汤”。这款简单的汤方一可调理身体，驱寒，二来养颜滋阴。数枚大颗红枣，几十个枸杞，大片的姜，几十克能补血、富含氨基酸的瘦肉，洗净后一起放进炖锅里，两小时后就可以喝了。特别适合体寒的人，强烈的姜味、甜甜的枣味，喝的时候直接浑身发热，顿时充满能量！

#### 老火汤嘌呤高？

有说法认为广式老火汤嘌呤高，不能常喝，但为什么广东人似乎处之泰然？郑慕雅认为，嘌呤高的汤通常是因为长时间明火煎煮肉类汤导致的，她建议的做法是慢炖，慢炖可令材料有更长时间的挥发，从而保证其营养成分，当然也要个别材料个别处理。更应该担心的是营养过剩和虚不受补的问题，这些就要讲究个人体质差别而定食疗。不过尿酸高的人还是慎重！

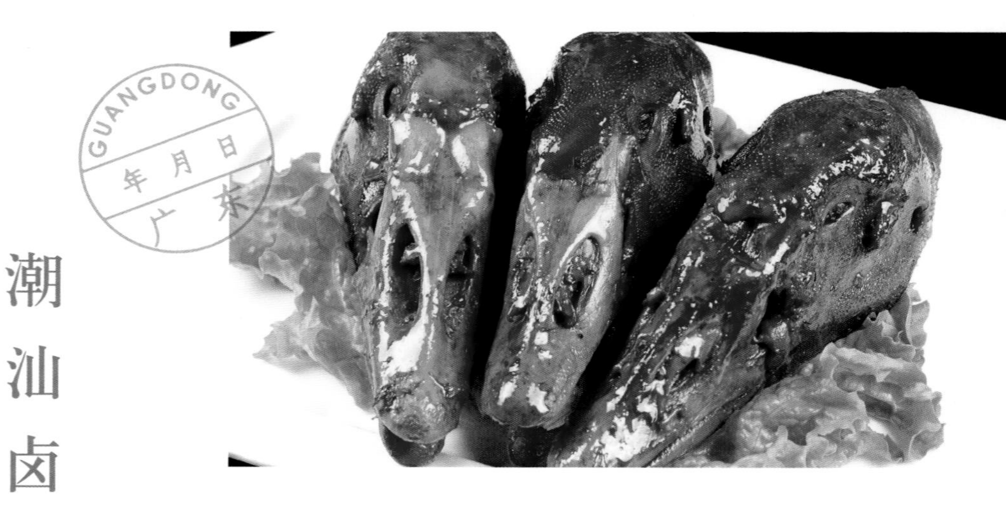


# 潮汕卤味

## 【说潮味百千，以卤水为首】

中华各地都有卤制的菜式，而潮州卤水天下闻名。因为唯独到了潮汕，卤水有一种“盛宴”的感觉。在潮汕人的饮食文化里，潮州菜宴席的首道菜正是卤味拼盘，这第一道入门菜由鹅掌、鹅翼、鹅肉、鹅肝、五花腩、豆腐干、卤蛋等组成，逐一薄切后平铺于碟，一上菜就这般架势，足以让人十指大动、胃口大开。而真功夫还在这些卤水的熬制上，潮汕人是以几十味药材、香料下锅炒香后，再研熬成卤汤。这种用细腻的味觉雕凿而成的丰盛口味，对于一道前菜来说简直有点“过分”。潮州餐馆和大排档，会将卤味作为招牌，吊挂或铺摆在明档吸引路过的食客，这种明档就是很出名的“潮州打冷”。而卤味做得好或不好，也被作为评断一家潮州菜馆水平的首要标准。

有机会在节日去探访潮汕人家，就能见到大杂烩式的卤钵，浓郁的卤汁味弥漫在厅堂之内，一家人围着一份香气四溢、酱香浓郁的卤味开餐，其实背后代表着潮汕民间百年传统的祭祀民俗——无论红白之事，每逢节庆之日，潮汕人便在家里“起卤钵”，将鸭鹅等食材卤后拿去祭拜。祭祀过后的卤钵还可以存起，加上鸡蛋、豆干等加料，每天拿出来再煮开一次，一直吃下去。

而潮式卤味的主角，永远离不开肉质浑厚的卤鹅，在潮汕有“无鹅肉不雰霈”、“无鹅不成席”的说法。而地道的做法，须选用正宗潮汕黑鬃鹅加工制成，鹅头、鹅肝、鹅胗、鹅肠、鹅掌、鹅翅、鹅肉或鹅血都不能浪费，一份上好的卤鹅，火候掌握得好，肉中较含水分，韧烂度适宜，吃起来香嫩可口。再配以蘸料小碟，留下齿末的清爽，回味无穷。

### 何处吃

潮菜名店很多，但用潮汕当地人的说法，吃卤味压根不用到处去找，皆因遍地都是。你大可走进一个当地人气较旺的菜市场，找到里面的卤水摊档，观察是否有上了年纪的本地阿姨在购买，如果有，这家就非常正宗！有趣的是，每个本地家庭都会有自己的“心水之选”，他们都坚持认为自己一直选择的那家是全城最好吃的。

**陈大咖（陈盼）**

食评人，知名专栏作家，曾著书《不过一碗人间烟火》

### 如何寻得一家好的卤味？

潮汕卤味的制造商，都有一个镇店之宝叫“卤胆”，也就是陈卤水，时间越久越好，每个店家都像爱护眼珠子一样爱护着这煲卤胆，需要三两天进行保养，一切出品的咸香和味浓都来自这里。打个比方，好的卤水鹅，一定是色香味俱全，颜色是鲜亮的酱色，闻之有多种香料的芳香，民间称为“五味

（左上）卤水鹅头。CFP 提供（右）潮南的“拜老爷”民间活动。敖卓坚 摄

调和百味香”。品尝之，脂肪多的地方香而不腻，肉多的地方嫩而鲜甜，令人欲罢不能。

## 吃卤水鹅的秘诀？

需要提醒旅行者，吃卤水鹅的时候，行家老饕反而是不怎么稀罕鹅肉的，鹅头、鹅脖子、鹅肝、鹅爪子、鹅翅膀等“周边”才是一只鹅卖得最贵的部位。其中以鹅肝最为令人迷恋，好的鹅肝丰腴细滑，不比法国鹅肝逊色一丝一毫。来自汕头澄海的狮头鹅是卤水鹅中的极品，其中用几年生的老公鹅做的卤水老鹅头，目前在市场上要卖到几百甚至近千一个，比较罕见，一般需要预订。

购买之后，店家会配上青翠新鲜的芫须和一小袋蒜泥白醋给你一起拎走，如果没有，他就不够正宗。这个芫须和白醋的功能，都是为了降低食用过程的少许饱滞感，尤其是蒜泥白醋，可以把卤水的咸香鲜更加激发出来，不得不佩服潮汕人民的饮食智慧。

## 关于卤水本身？

潮汕街头的许多小炒大排档的卤水是外包购买的，一般是由专业的卤水商家制作后送到店里，如果是本地知名的大排档可以放心下单，卤水不好吃的餐厅，离关门也不远了。

# 海河鲜

【生猛鲜甜是美味】

## 【菜肴调味高手——海味干货】

广东盛产海产，以前的人把打捞到多余的海产河鲜，晒成干货，便于保存随时煮食。出自广东的驰名干货有咸鱼、蚝豉、虾米、章鱼干、鱼胶、干瑶柱等。

如果说海鲜河鲜是饭桌上的主角，那么海鲜河鲜干货，是星级大厨和师奶主妇的煮食配料杀手锏。比如过年宴席的吉利年菜“发财猪手”（寓意横财就手），除了红烧猪手和发菜，少不了大只的蚝豉。蚝豉又称“蛎干”，是由生蚝（牡蛎肉）晒干，上好的蚝豉体形饱满，色泽金黄，入口咸中回甘。广东人也喜欢在煮肉骨汤或瓜果汤时加入适量的蚝豉慢熬，摇身一变海味靓汤。

另一道清润解暑的家常菜瑶柱粉丝瓜脯，除了鸡汤打芡，瑶柱也是整道菜的亮点所在。干瑶柱也称干贝，是扇贝的干制品，完整的瑶柱色泽金黄、形态浑圆，无论做菜或煮汤，都鲜美肉嫩。干贝性平味咸，有滋阴补血、益气健脾的功效，深得家庭妇女的喜好。

说到干货中的大将，是小小身形的虾米，在广东沿海一带地区如潮汕、阳江、湛江等地，虾米是家家户户必备和下菜的干货配角，虾米分淡黄或红黄色两种，主要是为菜式起烘托作用。大的虾米主要用来煮汤，小型虾米多用来做菜，它肉质细嫩，味道鲜美，远远就能闻到它独特诱人的香气。

## 何处吃

### · 广州南沙区万顷沙镇新垦十九涌

南沙区的十九涌曾经是繁忙不息的渔港，来到这里可以乘坐游船出海。还有吃货们最爱的海鲜餐馆提供加工海鲜的一条龙服务，只要20~30元的加工费，就可以把自行购买的海鲜带到海翔路周边的酒楼进行加工。两大必尝的海鲜是围垦青蟹和新垦所出的桂虾，活蹦乱跳，肉质爽甜。食海鲜另一个市区内的选择是黄沙海鲜批发市场，可以直接在市场买到新鲜的海鲜，在附近的几家餐厅加工现吃，不过记得要货比三家。

海鲜水产在中国北部很多地方都是餐桌上的奢侈品，但对于广东西南、东南沿海地区的人们，从小海鲜河鲜就在他们的菜谱里了，沿海依水而生的海上人家和艇上人家，人生第一口吃的就是来自海上河里的食物，正因如此，他们在制作海鲜水产美食方面的功力堪称高超刁钻。从不起眼的沙虫到大花蟹，从海里的鱿鱼到河里的淡水鱼，每样海鲜河鲜都有属于自己的独特做法。

珠三角地区江河溪流密布，水道纵横，水质清新。说起河鲜类，以顺德菜为代表，顺德河网中出产的鱼、虾、蟹类大多肉质细嫩，鲜美可口，名菜有顺德溪坑鲩、鱼饼等。在大良五沙、容桂龙涌口和马岗、伦教三洲等地，藏着很多地道的河鲜食店，值得驱车前往拜访一尝。吃河鱼最鲜甜的地道制法是清蒸，大厨为了保持鱼的原汁原味，会选取最活蹦乱跳的鲜鱼，先用大火蒸4到5分钟，保留鱼汁，撒上葱白丝，最后溅上特制烧开的熟酱油。清蒸鲩鱼是品尝广东河鲜的入门菜式，鱼的嫩口清甜，清蒸葱酱油的独特味道，让人欲罢不能，简直想把鱼骨头也吮干净。

沿着广东西南的海岸线往东南前行，从湛江路过阳江，炭烧生蚝也是红遍大江南北的夜宵名菜，挑选肥美的生蚝，铺上剁碎的蒜蓉或一点辣椒籽，带壳以炭炽烤，飘香十里，入口嫩滑回甘。汕尾往东，潮菜的天下也是海鲜为王，早在古书《南越笔记》已有载“粤俗嗜鱼生”，潮汕饮食文化中，鱼生的吃法也是极致，无论是新鲜的海鱼，或是扇贝类的血蚶。不过在潮汕生吃贝壳有一安全锦囊——须喝高浓度的酒来杀毒，否则很快你就要跑厕所。

在广东吃海鲜、河鲜是一种视觉与味觉的享受，本土酒楼和大排档门前，多数有一排大大的鱼缸，饲养着各类生猛海鲜河鲜，各种鱼都在里面，任食客自己挑选。广东人说水为财，门前摆放水族箱一则寓意生意兴隆，另外游水海鲜也是一家酒楼招揽客人的生招牌之一，有如一个观赏海产的微型博物馆。客人选好了海鲜，师傅会亲自捞起你所选的，当场称重，现宰现做，童叟无欺。

# 生滚粥

## 【简单中见华丽的平民粥】

广东顺德生滚粥。CFP 提供

早在南宋时陆游的《食粥诗》中便提过："只将食粥致神仙。"文人写粥好是淡泊以明志，而在食客的嘴里，能将食粥与当神仙的美妙感受连在一起的，非广东粥莫属。

广东粥的著名代表有广式生滚粥和潮汕砂锅粥。广式生滚粥里，家常便粥是皮蛋瘦肉粥、鱼片粥、牛肉粥、猪肉粥和滑鸡粥等，这几种是在寻常市民家也能煮的一手好粥。而富有传奇色彩的杂会代表——艇仔粥和状元及第粥，则是粥档考究功夫的代表作。生滚粥讲究的是粥滑软绵、芳香鲜味，所以必须是现场滚制，保证鲜味和滚烫的口感。选材上，以切片的肉或肉丝下锅，加以其他配料，如皮蛋瘦肉粥加入碾烂的皮蛋，而艇仔粥则加入海蜇鱿鱼干等吊味的干货，让粥的味道更丰盛立体。

在广东的很多城市，一天的忙碌就从一碗温暖的粥开始。如果你行走在广州的老城区，如西关荔枝湾一带或海珠同福路附近，在清晨的粥粉面店，会看到炉火猛开、白烟袅袅，开放式的厨房里一个个小锅在煮着生滚粥，还有拉肠的炉子在忙碌地拉进拉出。一碗碗热气腾腾的生滚粥是广州人早餐首选之一，外加一碟油条，就是一顿"醒神"的早餐。食量大的，还会点上一碟拉肠，用粥的清甜中和肠粉的咸味。点粥的时候，煮粥师傅会在最后下葱花，如果不爱吃的朋友，得在之前提出"走青"（即是不要葱花）。吃粥时常规动作是撒一点胡椒粉再搅匀，有些食客喜欢把油条掰开加入粥里湿着吃，这也是地道的广州吃粥方式。

### 何处吃

**· 伍湛记（龙津店）**

广州荔湾区龙津东路871号

伍湛记是吃广式粥的必去之处，以"生滚"粥著名，制作精良，鲜味可口，粥底以瑶柱、腐竹、猪骨等原料熬制，味道鲜美。伍湛记的及第粥已有40多年的历史了，这里的粥类出品一直深受街坊爱戴，每逢早上和午市时间，便挤满了排队买粥的人。不可错过的还有德昌楼的招牌小吃咸煎饼，金香酥脆，阵阵南乳和芝麻味。**强记鸡粥**也是另一个选择，以鸡粥为招牌粥，鸡肉弹牙滑口，粥味香浓，市区有多家连锁店。

### 【状元及第粥】

"及第"这个词的由来，在科举取仕时代，状元、榜眼、探花为殿试头三名，合称三及第。通俗版的说法是相传广东有位秀才上京赴考，其妻子在出发前，把肉丸猪肝等饱肚的材料放在一起煲粥为他饯行，秀才心中对此粥念念不忘，最终摘得状元桂冠衣锦还乡，之后把这种粥命名为"及第粥"。另有一说是广东明代才子伦文叙的高中与此粥有着很深渊源，伦氏还亲自为此粥题名"及第"，并书有一匾。此后，广州用猪肝、猪腰子、猪肚子三种猪内脏美其名曰为"三及第"，以这三种材料煮出来的粥称为及第粥。广东人讲究好意头，但凡家中有儿女准备考试，父母就会端上一碗鲜味可口的及第粥，寄托"状元及第"的期盼。

传统的及第粥做法与广式粥大致一样，先将煮好的变得粘稠的白米粥，舀入小锅烧滚，加猪心、猪肝和猪粉肠，不断搅动，煮至滚烫，盛入碗中。一碗其貌不扬的及第粥，吃下去能尝到粥身的猪肉香味，爽口猪肝和猪肠粉，还有锁水弹牙的肉丸。及第粥在广州还有个后期的演化版本，就是上杂粥，是更平民和丰盛的版本。除了猪肝、猪肠粉，还有猪腰、猪肉、牛肉。

# 和味牛杂

## 推车仔也有世界级的味道

广州街头牛杂档。CFP 提供

在广州大街小巷的"走鬼"（流动）小吃摊档中，隐藏着一脉近两百年历史的街头小食——和味牛杂。据说它在数百年间已飘香国际，在世界各地的唐人街都能看到它的身影，但最美味的，仍旧只在广州街头的零星"走鬼"手推车小贩中。

至于这些调制和售卖和味牛杂的推车小贩，更像是广式美食派别中厨艺高超的丐帮高手。他们会出现在人流密集的商圈，藏在一台1米宽的小推车后，略带唏嘘的面容，叼着一根烟或牙签，油头满面地在热气腾腾的牛杂锅前忙碌着，带着袖套的双手不停"嚓嚓嚓"地剪着牛杂和萝卜。你会看到热闹而市井的一幕，那些有地位的"丐帮高手"每次出现，混合着八角桂皮馥郁的热腾腾肉香飘开，就会有一群忠实的食客铁粉将他的摊档围个水泄不通，每个人拿到一个小小的泡沫碗蹲着或站着，不顾仪态地用竹签开吃——这就是一碗牛杂的魅力。

牛杂飘香又美味的秘方首先在于锅底，是以茴香、花椒、八角、桂皮、陈皮、沙姜、豆蔻等材料熬制，再加入酱油等做出一锅卤水，当然不同的小贩还有自己的独门秘方。而食材则选取优质的牛杂，包括牛肚（其中蜂窝肚最上乘）等牛下水，辅以萝卜和面筋，吃时还须配上特制的甜酱或蒜蓉辣酱。食客挑选不同组合对应不同的价钱，这些得老板说了算，有时候老板开心，多给几块萝卜面筋，或者当天的牛杂款式不够，就给你打个折。除了和味（粤语美味之意），吃萝卜牛杂最有情趣的地方，是领略广州人的随意和人情味。

### 何处吃

**· 文记萝卜牛杂**

广州农林下路小学侧

（近犀牛路口站）

正宗的街头和味牛杂需要碰和找，牛杂档的小贩会不定时现身在人流密集的车站、公园外、商业步行街附近或是小学的门口。驻地很久并获街坊一致好评的是在广州农林下路与犀牛路口交界处，农林下路小学门前的文记萝卜牛杂小贩摊。据说最忠诚的食客，就曾经下飞机后第一时间奔来吃一碗文记萝卜牛杂以慰乡愁。

### 腥不腥，牛三星

广式牛杂的美食阵营中，有一支近亲派系，叫牛三星。它有时出现在推车"走鬼"的摊档，更多的时候在传统的面粉店可觅得。

所谓的牛三星，主角是牛心、牛肝、牛腰。店家需要在凌晨4点多入手当天出售的新鲜牛杂，以保证食材的新鲜。然后是去杂、出水、腌制、发酵等一系列工序。切的时候顺着纹路下刀，才能煮得最后入口爽朗的牛三星。煮牛三星的汤底最为重要，常用牛羊杂熬的汤，也有些资深食店加入多种药材和花雕酒、胡椒粉，混合熬制数个小时而成。下汤的时候迅速灼熟，时间要把控得刚刚好，不让内脏的香味流失。

一碗美味的牛三星，吃起来是牛肝嫩滑，牛心爽滑，牛腰嫩口。而更重要的是辟腥技巧，那些让怕腥的人掩鼻而逃的牛三星店铺，就是功夫偷懒。牛三星内脏的腥味很重，厨师须步步递进去除腥味。吃牛三星记得要配上咸酸红白萝卜粒，可以立即中和牛三星的腥味。第一口吃酸甜萝卜激起食欲，嚼上几口薄而爽的牛三星，再喝上一口浑厚野味的牛羊汤底，本身就是一场奇妙的味蕾激荡。

# 糖水和甜品

【最甜蜜蜜的不止出现在电影里】

椰奶炖雪蛤。GETTYIMAGES 提供

由于气候炎热和盛产蔬果的独特地域，糖水甜品在东南亚区域的美食中占有不可忽略的地位，而在岭南之乡，甜食的艺术则进化得更为极致。其他地方倒上麻辣酱油的凉粉和豆腐花，在广东竟然摇身一变，淋上黏稠的蜂蜜糖浆，甚至添上不同时令水果或桂花做配，以温柔娇嫩的姿态出现，伴以花果的清香，给你甜蜜而软绵的舌尖回味。

糖水在广东地区，是一种博大精深的美食文化，在功能上跟煲汤一样，每款糖水都有滋补养生功效，根据不同的主料来配搭不同辅料，可以达到相辅相助的效果。广东人感受和应对气候的变更是以进食凉茶和糖水为对招，而糖水比起苦涩的凉茶，具有更为甜蜜清润的意味和美好的生活气息。食糖水是人们消暑解渴的最好休憩方式，从当年走进冰室摇着大葵扇，到现在躲进开着劲风空调的糖水店，每个大汗淋漓入内的人，总能在吃过之后带着一身清爽与甜丝丝的笑容离开这个奇妙的心情中转站。

广式糖水在传统上强调选材功效、色泽和口感，一份完美的糖水甜品必须是糅合以上三者的。比如一碗地道的马蹄爽，必须选取广州泮塘盛产的泮塘五秀中的时令马蹄，将砂糖炒至稍黄后溶成糖水，再调入半分熟的马蹄粉浆，然后猛火蒸熟，加入鸡蛋搅拌，适时收火。具有降暑清润功效的马蹄爽，色泽金黄透明，入口爽滑清甜，还能吃到嫩口的蛋花和干爽的马蹄肉。

## 何处吃

### · 百花甜品店

广州越秀区文明路210号
（近中山图书馆）

传统吃炖品和糖水的一条街位于广州市文明路上面，其中久立不倒的当数百花甜品店，价目表内上百种食款，招牌有：红豆沙、绿豆沙、西米露、杏仁糊、凤凰奶糊等，在这家都能吃到地道原味。由于地段很旺，又被媒体追捧，食客要排队则在所难免。不能错过的还有老字号**芬芳甜品店**，糖不甩汤圆和各式甜品都是广州人的心头爱，老店在同福路，也有其他新店，味道差不多。

## 【最平民的红白绿三色】

要遍尝上百种广式糖水对于外地人来说实在有点难度，不妨从最常见的三款糖水开始领略广式糖水的魅力，这红、白、绿三色也是广州人最常吃最爱吃的糖水。

红——雪球红豆冰。红豆冰是莲子百合红豆沙的夏日青春版，在盛夏的广州，年轻人在糖水店和冰室最爱点一杯已熬好的红豆沙加糖水和雪球（冰激凌球）的饮品，从透明的长杯能看到糖水的三个层次：上面悬浮云呢拿（香草）味的白色雪糕，中层透明的糖水，底层是红彤彤的红豆沙。一边用长调羹搅溶雪糕入口，一边用吸管饮糖水，这种欢快的味觉享受能迅速给口腔降温。

白——椰汁西米露。椰子加奶为糖水，再将煮好的西米露倒入，成了Q弹的西米露，可加入冰块或热吃，冬夏皆宜。好的椰汁西米露，奶白色的糖水奶清甜沁人，西米色泽透明，入口软软的，不黏也不过硬。

绿——海带绿豆沙。在食材上海带和绿豆都是极凉之性，一碗海带绿豆沙是给身体迅速降暑的利器，慢火熬出绵绵的绿豆糖水，再把切成条状的海带搅煮入内，热气腾腾的绿豆沙能散发淡淡的清香，入口带来既温润又爽口的双层口感，它也是饭后常备甜品之一，解腻生津效果一流。

# 香港

香港菜的基础是粤菜，几样绝活如叉烧、云吞面、点心虽然能追溯到广东源头，但不少食家却说，“要吃到最好的粤菜，只能去香港”。香港文化多元奔放，加上20世纪80年代经济的起飞，大大提升了香港粤菜的水平。现在到上海或北京口碑较好的粤菜馆吃饭，若有香港师傅坐镇，也会是餐厅的一大卖点。在香港，叉烧会采用顶级的西班牙黑猪肉烤制（天龙轩的招牌菜），叉烧包和菠萝包原来能结合得天下无双（添好运的必吃点心），它们都会让你对港式粤菜刮目相看。

作为时尚的国际大都会，香港也是各路人马的集散地，这也丰富了餐饮的选择。殖民历史让港人更懂得西餐之道，要品尝到优质服务和性价比高的西餐，香港自然是不二之选。西餐是港菜的DNA之一，改良过的豉油西餐以各类扒餐的姿态在茶餐厅内任君挑选，而更为精致的太平馆和来佬餐馆则以传统的港式西餐为荣。

香港人讲求“抵食”，因此不同时段到茶楼里吃餐，特别是错开高峰时间，你还能获得不少优惠。在以海鲜闻名的西贡，你甚至能到附近的菜市场买好海鲜，让周围的餐馆为你加工，餐馆也只收取加工费；也不要意外你能轻易地在租金昂贵的中环或铜锣湾的转角，遇见一家一眼看似违章建筑的大排档和铁皮屋，找到美食家推崇的平民美食。

社会越富裕，才越有美食和美食家。土豪点说，美食是用金钱堆砌起来的，如果没有懂得美食和愿意消费的族群，香港怎么可能会出现一顿晚餐叫价三千港币的Bo Innovation这类创新并叫人吃得心花怒放的料理呢？

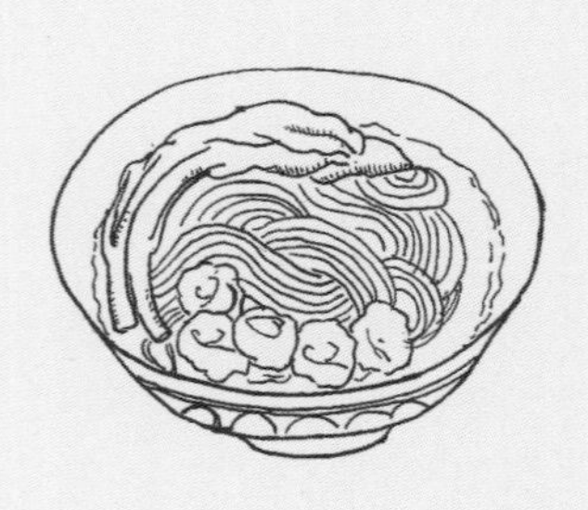

街头大排档。CFP 提供

# 米其林餐厅

## 【我城里的灿烂星光】

在中国，除了香港和澳门，是没有所谓的米其林餐厅或厨师的，因为米其林星是授予特定的餐厅，意即法国或香港的星级餐厅若在北上广开设分号，也不能算是米其林餐厅。因此要"摘星"，你只能远赴香港或澳门。

自2009年出版，每年香港、澳门米其林指南公布期间，也是厨师们最心惊胆战的日子，有人担心被降星，也有人担忧加星等于"加辛"，餐馆突然涌来大量慕名而来的食客，能否应付自如？不少香港厨师在受访时都表示对米其林欧洲中心化的标准及以老外为主的美食侦探团，是否适用于中餐表示质疑，一些厨师则以平常心对待，认真烧好每一道菜才是最重要的。

香港是米其林进军亚洲的第二站，先获恩宠的东京虽然聚集了全球密度最高的米其林餐厅，但其实香港的米其林性价比则是全球第一，餐厅种类更为多元。2014年公布的名单中，香港共有64家餐厅获得星星加冕，澳门则有11家，获颁三颗星的餐馆共有5家，除了龙景轩为粤菜，其余的是法餐、意大利餐、分子料理和日本料理。这也说明香港美食的多元化及高品质，至少在米其林评审们的眼里，香港才是真正的、也是中国唯一的国际美食之都。

米其林的主要业务是轮胎，自1900年出版第一本法国指南以来，这家公司就懂得利用美食来笼络自驾车族群，因此指南陆续登陆的市场，包括美国、日本都是汽车工业大国，选择出版香港指南，不少美食家预测米其林的下一步必然是庞大而不可被忽视的中国市场，然而那么多年了，依旧没有听到动静（米其林指南的下一站是巴西和东南亚）。或许我们能由米其林评判的标准里找到答案，其中一项就是食材的品质，这在常年备受食品安全困扰的中国大陆，可能需要更多的努力才能让评委们吃得安心吧。

## 何处吃

### · Bo Innovation

香港庄士敦道60号

这家的厨师被香港传媒誉为"厨魔"，因此你可以在这里品尝到具有东方韵味和魔幻风格的分子料理。去年荣获米其林三星的Bo Innovation现在成了香港最难定位的餐厅之一，午间套餐价格约900港币，可谓最实惠的入门之选。

## 【平民米其林】

不少人对米其林标准的批评就在于它的不食人间疾苦，随便一顿饭都可能花掉你半个月的血汗钱，而中餐一向推崇平民美食，这些价廉物美的餐厅自然不会轻易让评委们瞧上眼。或许为了更适应水土，香港米其林指南最大的特色就在于它也将星星授予不少平民馆子。

（左上）桃花源小厨餐厅。叶孝忠 摄 （左下）香港西贡全记。叶孝忠摄 （右）添好运点心专门店。CFP 提供

位于香港老区深水埗的点心店“添好运”经常被誉为全球最便宜的米其林餐厅，一顿速战速决的点心人均消费约80元人民币，现在添好运在香港已经开设了不少分号，大部分都获得一星的荣誉。有米其林星光的引路，添好运也开始走出香港，在台北、新加坡、吉隆坡等地开设了分店。

何洪记的云吞面一碗38港元，但云吞的品质之佳，会让人轻易原谅其分量的细小。但这家永远人满为患的餐厅里，人均100元人民币能让你接触到原本遥不可及的星光。一乐烧鹅也是一星餐厅，一盘动人的烧鹅面约50元人民币，虽然比一般的烧腊店贵，但也绝对负担得起。想要稍微高大上可以选择经常入选指南的桃花源小厨，这家供应传统粤菜的馆子，不少菜品价格在150港币以下，招牌菜如虾子柚皮和冬瓜蟹钳定价虽然较高，但肯定会让你一吃难忘。

# 茶餐厅

【庶民级别的全球化】

HONGKONG 年 月 日 香港

华星冰室。叶孝忠 摄

作为源自于香港的平民食肆，茶餐厅现在已经开枝散叶到中国内地及东南亚地区。脱胎自只供应仿西式食品，比如咖啡、三文治及多士等的冰室，后来才添加了更多的中式简餐，并结合了西菜馆和餐室的营业模式，就演化成今天的茶餐厅。港人热爱茶餐厅，甚至曾经认真地打算申请将茶餐厅列入联合国非物质文化遗产。

茶餐厅是香港社会一个卑微而真实的缩影。效率高，由下单、上桌然后在门口柜台埋单，你能在30分钟内解决一餐。店面空间小，店家却善于利用，挤入越多的食客就能创造更多财富，想私密点的还能选择卡位，但人多的时候，你大多需要搭台（拼桌），和陌生人一起共用餐桌。选择多，压在桌子玻璃底下的餐牌菜品令人眼花缭乱，墙上贴满了色彩斑斓的手写菜色字条，桌上还有立式能翻转的菜单，今日特选、是日早餐、下午茶、时令新品林林总总，你要是花太多时间来犹豫不决ABCDE餐，伙计（服务员）会先奉上白眼。正如香港街头挥之不去的商业化气息，茶餐厅内到处是植入式广告，眼前的奶茶杯就印上炼乳公司的商标。某茶餐厅还和著名牛仔裤品牌合作，除了在店内摆放了多款牛仔裤，伙计穿的制服都是由该品牌提供的。

茶餐厅内中餐、西餐及东南亚菜共享天下，不要纠结到底正不正宗，味道好就好，正宗从来不是香港的追求。茶餐厅内常见的星洲炒米粉（咖喱粉炒米粉），新加坡人都没尝过。著名香港文化人马家辉说茶餐厅就是“茶楼+餐厅”，把世界宇宙包罗在碗筷刀叉之间，是具体而微的全球化象征。

## 何处吃

### · 美都餐室

香港油麻地庙街63号地下

如果打算到百老汇戏院看电影，不妨先到已经有超过60年历史的美都餐室打牙祭。这家装潢几十年不变的餐室能轻易勾起港人的怀旧情结。不少食客对它的评价是“回忆是美丽的，但现实是残酷的”。选择茶餐厅的时候只要遵循一个原则——老派的永远不会出错，比如**祥兴茶餐厅**的奶茶、菠萝包和蛋挞，都是优质出品。

## 【茶餐厅里的文字学家】

当伙计帮你“写嘢”（下单）的时候，不妨留意他笔下潦草的文字。茶餐厅里的服务员都是语言学家和简化汉字的专家，比如“饭”写成“反”，0T即“柠檬茶”，0（零）和柠音近，T代表Tea。如果伙计向厨房大喊一声“汪阿姐”，不要以为汪明荃驾到，而是食客点了一杯热咖啡，那是因为汪明荃曾经有一首名为“热咖啡”的金曲，然而这些流行语正如所有的流行语，都只有短暂的生命。

茶餐厅有自己的江湖，自然也有一套约定俗成的术语，这同时体现了茶餐厅和香港赖以生存的灵活精神。只要厨师能做的，他都会尽量满足你的需求，在一些街坊式的茶餐厅，你甚至能拿罐免治牛肉罐头让老板为你加料。客人独特的口味和老板的灵活反应催生了不少极具创意的产品，比如只有香港人喝得惯的柠咖，即是斋啡（不加糖和奶的咖啡）加柠檬，可谓民间智慧的结晶，主客互动的成果。创作一直在茶餐厅内进行着，但近年来多了生意做大了并讲求规格化的连锁茶餐厅，反而限制了餐牌的多元发展。

想要了解香港茶餐厅文化，可以去读读陈冠中的短篇小说《金都茶餐厅》，把香港人及茶餐厅里的“Can Do”（金都的英文名）的小强精神（打不死）刻画得入木三分。

# 饮品

【喝下东方之珠的脾性】

咸柠七。GETTYIMAGES 提供

一早踏入茶餐厅，先让一杯港式奶茶叫醒。奶茶是英国殖民时代遗留下来的行李，然而香港奶茶有鲜明的个性，有别于各地的口味。冲泡港式奶茶需要采用特制的过滤袋，这样才能拉出更为顺滑香浓的奶茶。它也被港人昵称为丝袜奶茶，皆因使用过的过滤袋呈棕褐色，和丝袜相似。想要在茶杯里品味香港混杂的身份，那么咖啡加红茶的鸳鸯自然能对准你的口味。

香港饮品把拿来主义和本土色彩混合得更为出色，午餐的饮料选择可以是咸柠乐（可乐的乐）或咸柠七（七喜的七），碳酸饮料加上腌制的酸柠檬，酸酸甜甜的沁人心脾。但没有什么比在寒风瑟瑟的冬日点一杯姜汁可乐更能暖人胃口。你也会在饮料的选择中发现叫人摸不着头脑的“忌廉”，这是一种名为Cream Soda（忌廉是Cream的音译）并带有香草味的碳酸饮料。忌廉牛奶，就是汽水加牛奶。在这些独特的饮品里，你找到了这座城市不按牌理出牌的生存法则。

香港是座会让你厌倦睡觉的城市，城市里各种风格的夜店和酒吧，让酒仙们不醉不归。继承了港式的创意精神，酒吧内的饮品也令人印象深刻。位于夜店区兰桂坊的ON Dining Kitchen & Lounge是一家以创意鸡尾酒知名的酒吧，酒保采用了不少亚洲原料包括香茅、辣椒等，创作出一杯杯令人难以忘怀的饮料，酒水单上还有一款亚洲最昂贵的鸡尾酒Brandy Crusta，承惠3.5万港币。

## 何处吃

### · 炳记茶档

香港大坑施弼街5号侧

这家毫不起眼的铁皮茶档因为有众多明星的“光顾”，成了大坑最有名的“旅游景点”。茶档只在早上营业至下午3点，过了9点钟通常就需要排队，据说陈奕迅最钟爱这家的奶茶，茶档小吃如猪扒面也很受欢迎。作为国际化的香港，想要一杯好的创意鸡尾酒也非难事，Sevva酒吧身边的俊男美女和眼前的无敌夜景，可能会让杯中酒变得更为醇美。

## 【如何喝 去哪喝 何时喝】

### 走起

要点到一杯适合自己的饮料，你自然需要懂得一些术语，学精了这些你就能喝的和当地人一样了。这些生动的餐厅语言，也反映了香港文化“鬼马”的一面。“飞沙走奶”意即不加糖和奶的饮料；“走冰”或“走雪”，就是提醒伙计饮料不加冰块。走的意思为不加，因此“走糖”，就是不要加糖。但所谓的“茶走”，其实是加炼奶的奶茶（港式奶茶是加淡奶的）。

### 茶档

要品尝到传统的奶茶，可以光顾所谓的茶档。这些茶档多为简陋的大排档，除了主打饮料之外，茶档也供应简单的餐食，包括三文治之类。著名的兰芳园现在已经成了连锁式经营的餐厅，前身其实是一家位于中环、并开业于上世纪50年代的老茶档。

### 下午茶

茶餐厅内能轻易品尝到下午茶套餐，一杯饮料加一份简餐，约25港币就能在血拼之余加入一点悠闲时光，选择冷饮通常得多加三块港币。想要感受殖民时代最精致和地道的英式下午茶，不少人都会选择到半岛酒店朝圣。

# 澳门

不管说「食在广东」还是「食在香港」，温和的澳门人都不会费心计较。广东、香港引以为豪的美食，个中套路对同源的澳门来说并不稀奇，而澳门的葡国菜和赌场餐厅，却能引得粤港人周末专程前来食之，方才心安。

港澳一衣带水一家亲，不过与香港的风头锋利不同，澳门一直躲在一旁，闷声发财，安逸吃饭。如果你把澳门当作前往香港的顺路目的地，一头扎进娱乐场被轮盘弄得茶饭不思，那就太“对唔住”（对不起）自己了，因为澳门口味的丰富程度和缤纷色彩远胜老虎机。

港澳两地都有着和西洋长期交流融合的历史，而在饮食上，与葡萄牙带来的南欧丰富味觉盛宴比起来，单调严肃的英伦味道只能退到角落，抬起一壶茶来遮挡掩面，即使那边厢的香港捧出五花八门精致小茶点，路环的葡挞香气也照样飘洋过海引港人垂涎。

和澳门人的可爱性格一样，澳门口味的魅力源自包容。作为澳门葡国菜的代表，葡国鸡里包含了葡国肉桂、印度咖喱、南洋椰汁以及广式香肠，顺地理大发现时代的航海线源流融汇成一锅，最早发明葡国鸡的澳门土生葡人，也与澳门华人一起世代共生了四百余年。而作为当代澳门经济的支柱，赌场不但给澳门人带来了高福利和就业机会，更把天南地北的美味齐聚在一栋发财大厦里。对于博彩行为澳门人慎而远之，而赌场餐厅的美味和好环境，却成了吸引本地人前往赌场休闲娱乐的关键。港澳人吃喝很依赖米其林引路，而每年的米其林澳门一星餐厅，几乎无一例外都藏在赌场。有食运，有财气，正是包容心带给澳门人的幸运。

产肉脯。GETTYIMAGES 提供

# 澳门葡国菜

【大航海的小奇迹】

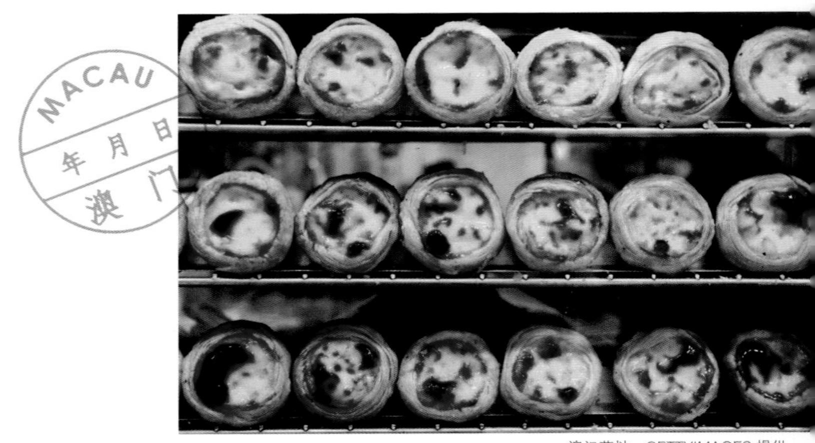

澳门葡挞。GETTYIMAGES 提供

澳门葡国菜简直是大航海时代的小奇迹。地理大发现不但带来文化种族大碰撞，艰苦航海的物资不足，却成为漫长海路上各方美味融合的最佳契机。伊比利亚半岛上浓郁的橄榄、月桂、丁香装入航船，纵贯大西洋越过好望角，在印度这片香料大陆把咖喱和姜黄加入味蕾冒险，又攫取马来西亚和菲律宾的浓郁椰浆。进入南海，葡萄牙水手在澳门落地生根，广式食材和烹饪方法也融入食谱。跨海越洋的食材汇聚成一盘，焗烤蒸烩出共同的名字，就是澳门葡国菜。

或许因为水手烹饪的豪放出身，菜单上初看澳门葡国菜并不特别精美，西兰花、卷心菜加洋葱，纷繁配菜让卖相稍显杂乱。但上桌时丰富的香料随着烹饪的热度发散开来，你的嗅觉和味觉立马臣服，眼睛也不再挑剔。最能代表澳门葡国菜的应该数葡国鸡，鸡块与各种调料一起焗烤，因耗时而入味。从浓郁酱汁中分辨层次丰富的调味料，恰似在辨认四百年前航海线上留下的踪迹。

如今澳门葡国菜也分化成了两种，一种是粤菜改良口味的；另一种仍保持土生葡人风味，但比起正宗葡菜多少都有变。当葡萄牙本国人遇见澳门葡国菜，似是而非的口感会给他们一种相见不相识的恍然。不过澳门也有不少餐馆经营正统葡国菜，比如半岛八角亭附近的澳门陆军俱乐部餐厅。

## 何处吃

花点时间到南边的路环小镇，水鸭街的**里斯本地带**餐馆环境浪漫闲适，最适合恋人拍拖。餐馆菜肴包括了土生葡菜和正统葡国菜两种风味。如果好奇改良葡国菜，半岛水坑尾街的**坤记餐室**值得尝试，招牌马介休球融合葡粤口味。

## 【土生葡人和澳门葡国菜】

在澳门旅行，你会遇到不少高鼻深目、肤色各异的人，却都讲得一口流利的粤语，他们是澳门的土生葡人。这一族群混合了葡萄牙、南洋诸国以及中国和日本等多种血统，中西杂合的文化带来了多元饮食习惯，可以用土生葡人诗人李安乐（Leonel·Alves）的诗句来概括：“既向圣母祈祷，又念阿弥陀佛”，“以米饭为食，也吃马介休”。

澳门葡国菜的发源与传承，都和这里的土生葡人家庭息息相关，土生葡菜即是传统的澳门葡国菜。土生葡人重视家庭生活，也热爱聚会，聚餐时精心准备的菜肴，道道都有澳门葡国菜的混合风情。为了家庭聚餐的热闹气氛，也为了慢工炖烤入味，许多菜肴都用大盘制作，大家分食起来其乐融融。除了最经典的葡国鸡，对“马介休”（盐腌鳕鱼）制作的各种菜式也是家宴必备。有趣的是，他们也常吃广东传统小食萝卜糕，加入葡人喜爱的火腿来调味。

氹仔何连旺街的**亚马交美食**是一个家庭式餐馆，在狭小客厅的长桌上品尝澳门葡国菜，感觉就像到了土生葡人家庭做客一样。

# 赌场餐厅

【你博好彩，我食到笑】

威尼斯人酒店的餐厅。GETTYIMAGES 提供

澳门的兴旺发达几乎全凭一个“赌”字。赌场选址的变迁，几乎就是澳门的城市发展史。博彩业给澳门人带来了政府每年发给每位居民的红利钱，还有数不清的赌场餐厅。赌场有财神爷关照，名人明星闪亮出入豪掷千金，所以赌场餐厅都有着高昂的价格与相称的豪华环境。在赌场餐厅吃饭，情调和美味都能兼得。

本地人对博彩的态度比较理智，大多数人只在大年初一至初三，小赌怡情撞运势。加上新兴的大型娱乐场餐饮购物休闲全得兼，博彩倒成了其次，工作之余把博彩的钱拿来“食到笑”，是许多澳门人享受生活的独特法门。年轻人很喜欢到娱乐场来拍拖，相约看电影逛店之后，再到一家餐厅共进晚餐，不管西餐的红酒烛光还是中餐的传统茶点，一栋楼内全能找到。

新、老葡京是澳门博彩业历史上的两座里程碑，两栋风格迥异的赌场里，中西口味餐厅藏龙卧虎。特别是新葡京，以港澳米其林榜单这个美食风向标来看，每年澳门的三星餐厅都出在这里，占据了澳门法餐的顶端高度。名品购物店汇聚的永利，内有米其林一星和二星餐厅主打精致粤菜。同样依托娱乐场而建的威尼斯人，比起新葡京和永利的豪气，更像一个巨大的全民购物休闲中心，环球美味云集，2015年港澳米其林榜单中，共有3家上榜一星餐厅聚集在此。

## 何 处 吃

### · 澳门半岛新葡京楼内

金光闪烁的新葡京大楼是新口岸地标之一，除了赌场也聚集了不少中高档餐厅。如果你在老虎机上发了一笔财，赶紧上楼散给饕餮神吧。特别是顶楼的**天巢法国餐厅**，主营精致法餐，已经四年连夺港澳米其林三星，需提前预订。

## 【另类赌场和平民餐食】

即使你是一位奉行节俭的旅行者，又或许你喜欢探寻别致旧风情，来到澳门这座奢靡的赌城，仍然有另类赌场和平民餐食来满足探寻的心。

半岛北部有着朴实的生活气息。但除周三和周五外的每晚，**逸园赛狗场**灯火通明，精神十足的灰犬们是场上的明星。因为赌注不高，老派的澳门人很喜欢在饭后来试一把手气，不少老伯都把狗经研究得十分通透。从墙上的港澳船班表可以发现，痴迷赌马的香港人也很爱到这里。虽然外表毫不起眼，但这座已有八十年历史的赛狗场，现在是亚洲独一家。

跑狗从晚上七点半开始到深夜，下注前你还有时间到不远的三盏灯地区探寻平价美餐。这里是东南亚归侨聚集地，餐厅以东南亚风味为多。**东京小食馆**由缅甸归侨经营，主打爽滑Q弹的猪脑面，不少港星来澳门都会悄悄躲到这里享用。一街之隔的**香岛咖啡**室有着非常亲切的邻里氛围，吃腻了猪扒包不妨尝尝特制的吞拿鱼治。如果没有撑到走不动，不远的**红街市**是一个有历史的菜场，可以在去赛狗场的路上顺道一逛。

# 海南

这是一段喜忧交错的旅程。大啖海鲜后，要小心防宰；农家盛宴前，别忘谢祖敬神；缤纷水果不像你想象的那么便宜；老爸茶店也并非那么恬淡。海南粉配料奇葩，文昌鸡白水真味，羊肥鸭老嚼到牙酸。失望复惊喜，凡常见真味，也许这正是生活的味道。

若论色、香、味，海南菜不算出奇。同样走清淡路线的邻省广东，菜式精美摆盘考究，而琼菜总是汤汤水水一大盘，几乎无烹饪技术可言。法宝只有一个：新鲜。

这一切不得不归功于大海的馈赠。约1823公里长的海岸线，补给着这个中国第二大岛的饭桌。海南人吃海鲜方式很粗放，白水煮开，大刀砍成三两块，和鱿鱼虾贝之流一股脑倒进去，开锅蘸上酱料即食。

“食在家，菜在野”。大自然的恩赐岂止于海洋，海南岛盛产各式各样的蔬果，五指山野菜更是达到两三百种，革命菜、鹿舌菜、雷公笋、雷公根……它们在田间山坡、河流沼泽中野蛮生长，苦涩腥甜，都是来自泥土的馈赠。

享誉四海的海南四大名菜也莫不出自乡野，在榕树底下散步的文昌鸡，吃小鱼虾长大的加积鸭，184米高的东山岭上餐风食露的东山羊。自由生长成就了最佳食材。

白水煮真味，不过，清汤寡水绝非琼菜的全部，一碗蘸料，足以令你的味蕾分泌出充沛的食欲。蒜茸、姜末、酱油、辣椒圈外，一个动作识别是否够海南——将小青橘子的汁挤进蘸料盘，这是比老陈醋更清新的酸味，在海南，吃白斩和海鲜，都少不了它。

海南人可以花上几个小时打边炉，也可以以几十秒上桌、几分钟就能吃完的粉、猪脚饭甚至清补凉做一顿主食。在这个物产丰富的岛屿上，一箪食一瓢饮，同样能品尝天地之美，亦让你的行囊与灵魂轻盈。

鱼干的海南当地人。GETTYIMAGES 提供

# 文昌鸡

【一只鸡的自我修养】

在清新自由的空气中成长起来的，海南四大名菜中真正的龙头老大，以食材之名跻身花样繁多的中国名菜的，正是这在文昌榕树下散步的鸡。

文昌潭牛镇天赐村是文昌鸡的发源地，据说是明代时一个在朝为官的文昌人把鸡带给了皇帝品尝，得到了皇帝点赞并赐名，从此鸡犬得道，主人升天。文昌鸡的前半生在茂密的榕树下觅食玩耍，食榕籽，长出了翅短脚矮、身圆股平的好身材。六七个月后开始笼养，肉质更肥，海南人说：鸡肥才香。

海南有"无鸡不成宴"的说法，据说第一次下蛋时的成熟嫩鸡为最佳。而到春节，海南人的年席上必备一只肥美的"年鸡"——阉割过的公鸡。小公鸡被阉之后，雄性激素减少，免除了争风吃醋谈情说爱的消耗，只剩下吃喝睡，皮薄肉厚。

文昌鸡白斩的火候非常关键，要做到肉嫩但不熟烂，皮脆而有嚼劲。不能像一般的母鸡一样长时间熬煮，而是在开水中数次汆烫至八分熟，最好鸡腿骨头处还有红血。吃白斩鸡少不了一份加有青橘汁的调料，让味蕾充分绽放以迎接这浓郁肥甘的鸡香。如同广东人嗜食"烧鹅左腿"一样，当地有些老饕也喜欢白斩鸡的"鸡二刀"，即第一刀剁掉鸡屁股，第二刀剁下来的鸡背，他们认为这块肉内有软骨，肉质鲜嫩，乃全鸡的精华。

文昌鸡深得海南菜的精髓：貌似简单，背后的工序却十分讲究；没有浓墨重彩的烹制，所有调料都只为衬托食材的美好。正如袁枚《随园食单》中所说："自是太羹、玄酒之味。"

HAINAN 年 月 日

## 何处吃

### · 文昌三角街鸡饭店

文昌文城镇三角街

一栋普通居民楼下，并排三家文昌鸡饭店。招牌都几乎一模一样。随便挑一家进，口味相差不大，环境卫生一般。肥嫩的文昌鸡，配上蘸料口味地道。鸡油炒的南瓜藤，下饭的咸鱼茄子煲，米饭拌过鸡油香味很浓。在文昌鸡的故乡，来一份地道的文昌鸡饭，花费不多，值得留念。

（左）文昌鸡。GETTYIMAGES 提供（右）海南文昌白切鸡。CFP 提供

## 【海南鸡饭】

“无鸡不成宴”，在海南，逢年过节，婚丧嫁娶，最隆重的餐桌上总少不了一只鸡。而最简单的街边一人食，也有它的恩惠。“半只文昌鸡，一盅肠红汤，一碗鸡油饭。”这种经典搭配的简餐，是海南乃至东南亚一带历时悠久的平民套餐。

海南鸡饭的起源地就在文昌鸡的故乡——海南文昌，这里也是海南最大的侨乡。但美食家蔡澜说：海南没有鸡饭。如今在海南，鸡饭等同于简餐。反而是在他乡保持了正宗血统。

20世纪初，一些下南洋的文昌人以鸡饭谋生，他们双手提着两个竹笼，一个装鸡，一个装饭，制造出世界闻名的亚洲风味，海南鸡饭甚至成为新加坡的“国菜”。以至于新加坡鸡饭成为海南鸡饭目前认同最广的味道，看过2004年张艾嘉主演的电影《海南鸡饭》就知道，里面有鸡饭，但没海南。

真正的海南鸡饭，除了一盘香味甚浓、肥而不腻的白斩鸡和一份清淡的青菜例汤外，真正的功夫在那碗米饭上：鸡油煸炒过的米，用煮过文昌鸡的水精煮后，一粒粒独立成形，包裹着一层淡黄的鸡油，闪闪发亮，不论鸡肉，光吃这碗饭便已是人间美味，拌上白切鸡的酸爽调料，更可净吃三大碗。鸡饭最古老的吃法是用手把饭捏成饭团，再配上几块白切鸡，就是热带暖风中最乡愁的滋味。

# 吃公期

## 海南乡间的「海天盛筵」

正月十五后，春耕大忙之前。全国各地年味渐淡，而海南真正的新年盛宴——公期大宴才真正开始。

水桶装的螺和贝、大脸盆盛满羊肉、满桌煮熟的鸡鸭、蔬菜成筐地备着……无须吃惊，这只是海南公期大宴前的准备工作之一。等到公期开始那天，主人家做菜的场面更为壮观，椰子树下搭起临时炉灶。柴火锅铲和人声喧闹，交响出海天之间最热烈的盛筵。

公期是海南各地的祭祖日。隋唐开始，这个孤悬海外的岛屿开始有从中原陆续迁徙而来的移民，"公"即各地各村最早迁入的先祖。"公"的生日即成为每个村的"生日"。 届时，村民杀猪宰鸡，大摆宴席，请客祭祖。这种区域内祭神活动，在文昌叫"公期"，在海口称为"行符"日，在海南的绝大多数地区叫"军坡"。

海南的"公期"有两种过法：一种重仪式，一种重吃喝。重仪式的除了要摆案集众拜祭"公祖"，还有舞龙舞狮和"过火山"、"上刀梯"、"贯铁杖"等充满原始气息的祭神仪式，有不少村子还会请专业的琼剧团上演军坡戏，让祭拜者视觉听觉味觉都得到满足。现在重吃喝型成为主流，人们干脆称之为"吃公期"或"吃军坡"。

海南本岛上有18个市县，每个市县都有一道不可错过的菜肴，其食材、做法、渊源无不是当地特产风物的集中展示，也是海南民风的热烈表露。如果你有幸是主人的朋友，或朋友的朋友……无须携带什么红包礼金，一挂鞭炮、一箱饮料，再带上你的诚意与祝福。经历一次山珍海味、人神共享的盛宴，你的海南之行，就堪称圆满了。

### 【公期当家菜】

各地特色食材，自然成为当地公期宴中的当家菜。文昌鸡独领风骚。个头大的公鸡常用来祭拜"公"，有些地区还会每家每户都出一只鸡，集体祭拜，形成壮观的"百鸡宴"。也有用整只乳猪来祭拜的，海南特有的临高乳猪烧烤后，色泽油红，皮酥肉香。在很多地方也是主菜之一。

琼北气温较低，火山地区的乳羊特别温补，正好用来打边炉。炉子热气腾腾地摆在桌中央，既有气氛，还节约烹饪时间。临高公期爱吃沙虫和生蚝。熬一锅浓浓的沙虫汤，生蚝切片水煮，即便只放一根苦瓜也极其美味。

以公期之名，正宗定安黑猪、澄迈白莲鹅、琼海温泉鹅等悉数登场。海南粉、椰子八宝、糯米糕、萝卜糕等各色小吃都是各地公期中的常客。至于主人家自己种的还带着采摘前晨露的无公害绿色蔬菜，自然是公期宴上的至高美味。

新春大宴，自然少不了意义菜。海口斋菜煲里有各种谐音，寓意吉祥的三菇六耳、瓜果蔬菜及豆制品——花生寓意长生；发菜预兆发财；甜菜象征甜蜜；水芹象征勤劳；慈姑与海南方言除旧谐音，辞旧迎新之意；木耳海南话叫猫耳，寓意听话孝顺……也许，心心念念，神在天上真的能听见。

海南各地公期中，最好吃的首推文昌。文昌鸡自然货真价实，文昌铺前一带的海鲜更是丰盛。早晨出海打的海鲜，无需冷冻运输，直接端上了桌子，还能吃到海鲜店里买不到的品种。莲雾树下，面朝大海，海天盛筵，恣意快活。

海口贝坡村的"公期"。CFP 提供

# 清补凉

【一碗见众生】

在海南，你可能在半个月内经历四季，也可以在一碗清补凉里看见各种物产：在被称为“天水”的椰汁里，除了“红豆、大红豆”这些《铿冰进行曲》里的可爱主角，还有芋头、红薯这些主食类家伙，淀粉做的小海螺和冬瓜伊Q弹可爱，空心粉入口爽滑，滋补的红枣鹌鹑蛋点缀其中，菠萝、西瓜、椰子这些热带水果自然也要尽地主之谊，有些还能瞥见龟苓膏（南方称为“凉粉”）的玲珑身影。

南中国的湿热空气里，一碗清补凉绝对是长夏的绝佳伴侣，广东清补凉近乎药膳，广西则更像是“水果什锦冰”，而海南的清补凉食材最为丰富，堪称清凉食界的豪华版。为了保证每一味食材的原味和汤汁的清爽，各类食材要分开煮熟，沥干。不一样的口感色彩，不一样的来历出身，组合在一起和而不同，多种维生素和消暑解毒、健脾补肺的功能低调地隐含在甜爽滑润的美妙滋味中，仿佛这个好客的海岛尽其所有端出的一份丰厚家藏。

在海南，各市县的清补凉略有不同，海口清补凉食材最全。琼海清补凉添加的不是椰汁，而是用椰奶做成的炒冰，多一分冰激凌的任性味道。

清补凉在海南既是饮品也可算是一种主食。据说苏东坡流放海南期间，每日必食一碗，还曾作诗：“椰树之上采琼浆，捧来一碗白玉香。”20世纪50年代，海南国营单位夏季发放劳保用品，还有清补凉的餐券。如今，海南有不少流动的清补凉摊点，一个保温冰桶、几套简陋桌椅，小推车橱窗里装着黄、红、绿等各种原料的塑料碗一字排开。只要原料丰富干净、椰汁现场取制，食客就会排成长龙。在这里，阿妈供奉妈祖，阿公喝老爸茶，小弟小妹逛着国贸喝着咖啡，不过，他们却可能在一个开了二十年的清补凉路边摊上共用一张简陋的餐桌。

## 何处吃

### · 海口新华南老牌清补凉

海口新华南路和文明西路交会处

这家晚上七八点钟才营业的简陋摊点在海口久负盛名，开了近二十年，依然是没名没号，最近，才有了一家自己的小门脸。每晚人头攒动，食客云集。其实味道并无特别，只是原料新鲜，口味清爽。现取的椰子汁和椰肉，分头煮好的十几种食材，魔术般地组合在一起。如果嫌街边排档不够清静，可以去中山路的**椰语堂**（中山路骑楼老街50–2），这里有众多海南特色小吃的华丽变身。

## 【老爸茶】

在老爸茶盛行的海南，你找不到一个带“老爸茶”字样的门面招牌，也很容易忽略路边那些当地最火的老爸茶馆，以为只是个乱哄哄的小吃店。海南人口中的“老爸”泛指年长男性。传统老爸茶店一般位于老城区小街巷中，店内没有什么装饰，围坐在一起的茶客多数互不认识，不管是何样的穿着、坐姿，都不会有人给你投来异样的眼光。“甜茶”是海南茶店里的主角，甚至冲泡红茶时都会加上一些白糖。两元一杯的茶，可以从清早一直泡到黄昏。

有人说老爸茶的来源和赤脚上岸的渔民有关，风浪中的一番生死搏斗之后，一壶热乎乎的老爸茶更能品出生之美好。也有人说老爸茶的习俗源于清末，当时回乡的华侨带来了南洋的生活习惯。有人把老爸茶视为“海南式休闲”的文化象征，但也有不少人对这种无所事事的生活和烟雾缭绕的嘈杂环境非常反感。现在的老爸茶店更多成了打奖也就是“私彩”场所，这是当地一项全民热衷的博彩活动，只见很多“老爸”在茶桌上或独自计算深思，或聚众热烈讨论，茶店里弥漫着发达暴富的梦幻泡影，如茶水一样滚烫。

老爸茶店里除了茶、咖啡，还提供简餐小吃，做法也还算地道。不过从环境到价格都是低廉版。这里真正的主角，不是旅途风景，也不是口舌之欲，是仅供消磨光阴。

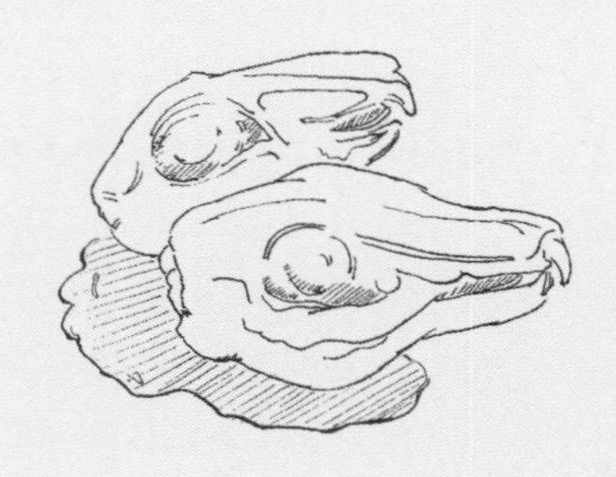

# 四川

川菜可能是中国最「性感」的菜系，不仅因为它火爆的滋味和艳丽的色彩，还因为它藏在辣中的那狡黠的、回味无穷的百味百色。真正杰出的川菜，擅长的正是以恰当的配料撞出食材的本鲜风味。

20世纪80年代以来，绚烂的川菜以迅雷不及掩耳之势东成西就，从东海边到塔什库尔干，深深地改变了神州大地的味觉体验。南京可以看到以酸菜鱼为招牌的菜馆，库尔勒也能尝到有了新疆调料趣味的椒麻鸡。四川盆地创造了什么吃法，不出两三年，必然能在全国遍地开花，而再回川中一看，早已改朝换代，又有纷繁花哨的各色新味了。

现代川菜形成于晚清，民国发展昌盛，抗战前就已经有了其招牌的典雅味觉之美学体系，前朝古蜀居民珍爱的花椒和跟湖广移民沿扬子江入川的辣椒成为标志性的双艳，成都平原丰饶物产而出的豆瓣酱也成了川味的底色。如果你尝过台北眷村的牛肉面，会发现虽然辣度已经有了差别，但四川烹饪醇厚绮丽的调味方式，依然留在宝岛分隔六十年的“记忆料理”中。

麻与辣在当代川味馆子中占主要角色，它们携手在百菜百味中穿行，又生出层层叠叠的、千姿百态的复合香醇来，这也是川人自傲于其他“辣区”的点。成都东山上的“二金条”青椒鲜吃已妙，川人却还能拿来泡、炒、烧、煮、煎、拌、烤甚至炖煮，各有千奇万幻之妙。即便是看似最简单的辣椒面做出来的红油，也必然是二金条、朝天椒和米椒配合不同独门比例，熬炸出每户独特的香。这就是川菜——看似底色统一，却在街头巷尾、田间地头处处有秘食的美食精神。

料。GETTYIMAGES 提供

# 麻婆豆腐

## 【花椒与豆腐的百年痴缠】

要论日本人最熟悉的近代中国名物，麻婆豆腐必然高居前列。它在日本受欢迎的程度在中国都难以想象，常年在中华料理点单排名仅次于饺子，仙台县的中华料理店在20世纪70年代为顾客临时发明的麻婆豆腐盖浇炒面，屡屡被日本网民评为最特别和最想吃的县民面（各县独特的面食）。

想想也不奇怪，麻、辣、烫、香、嫩、鲜、活的麻婆豆腐，和亚洲各地嗜米民族碗里的白饭不正是天然的绝配吗？这大约是麻婆豆腐没有在欧美获得盛名，却从东洋到南洋都得到认同的原因。它淋漓尽致地表现了川菜亲近庶民的特点：以你来不及回味完全的速度，用超过十种八种的味香覆盖你的舌头，几碗米饭很快就下去了。

这道川味代表诞生迄今已经超过150年。1862年，陈兴盛饭铺开业于成都北郊的万福桥。店主叫陈春富，老婆刘氏脸上有麻点，人称陈麻婆。小店主要顾客是挑油的脚夫，他们经常是买点豆腐、牛肉，再从油篓子里舀些菜油要求代为加工。在陈麻婆的精心调制下，这看似材料简单却又满桌飘香的豆腐迅速名声大噪，美名传遍全城，两夫妻干脆把店名改成陈麻婆豆腐店。1909年出版的《四川通览》已经把陈麻婆豆腐店称为“成都之著名食品店”，与荣乐园这样的包席大馆子、现代川菜的“黄埔军校”并列，并延续至今，成为川菜名店中罕见的三朝元老。

（左）麻婆豆腐。CFP 提供（右）陈麻婆豆腐的传承人正在制作麻婆豆腐。CFP 提供

## 何处吃

### · 陈麻婆豆腐

成都西玉龙街197号

陈麻婆后人的再传弟子薛祥顺是将麻婆豆腐发扬光大的人。在这吃饭当然要点一份滚烫的、能尝出陈皮和果香等丰满味道的麻婆豆腐，再来一份美味的粉蒸牛肉，足够你忽略掉国营饭店固有的怠慢。当然，作为经典川菜，只要你选的是稍微讲究一点的餐厅，这道菜都不会难吃，红杏、大蓉等分店众多的川菜酒楼固然做得不错，即使是**布衣豆汤**（华兴上街20号附4号）这种小吃店，麻婆豆腐也是极滑嫩爽口的。

## 【川味调料的坚持】

川菜常见的调料有郫县豆瓣、永川豆豉、中坝酱油、保宁醋、正路花椒、泡红辣椒等，麻婆豆腐亦要选用这些本地物产，才能把其复杂的味型表达出来。郫县豆瓣倒是处处可觅，但永川豆豉就不是每家饭店都能坚持的了，这种口浓而不燥，形整而不碎，醇而不咸，香而不腐的豆豉，若换成老干妈，只能说形在魂已散罢了。

但凡认真的馆子，做麻婆豆腐必然会选用更嫩的、石膏点制的豆腐。2011年，成都推出了略严格的豆腐产品准入制，一度引起了市民对市场只剩盒装豆腐的担忧，在好吃的川人看来，只有自己打的、热乎乎出炉的豆腐才“巴适”（地道），才是好豆腐。有了好豆腐，用开水把豆腐汆透，去除石膏带的涩味，再有豆瓣酱、永川豆豉、花椒面、辣椒面和香葱这些最佳伴侣的共同配合，牛肉粒酥香、豆腐色泽红亮的完美麻婆豆腐就诞生了。

# 成都小吃

## 【去成都一百次的理由】

在北京，成都小吃是最常见的小店招牌之一。虽然大多由川渝移民操持，菜单简单，大抵不过几样面食，红油或清汤的抄手，或是回锅肉盖饭，非常庶民，带有当地化的粗疏，却也丧失了成都平原上精挑细做、回味无穷的悠然滋味。

在蜀地，川菜敢说百菜百味，小吃亦不遑多让，从腌卤到凉拌冷食，从锅煎蜜饯到糕点汤圆，从蒸煮烘烤到油酥油炸，琳琅满目，各味俱全。无论香甜、红油、怪味、咸甜、椒麻、咸鲜、糖醋、家常、麻辣、芥末、蒜泥等，都有十足滋味，即使简简单单一碗面都用足十二成的心思。以臊子面为例，需得肥瘦各半的臊子剁碎，无须另外用油，用文火慢炒，待肉末被油浸过，加入碾碎的郫县豆瓣和各家秘而不传的增香配料，继续翻炒，直至油气散尽，肉末金黄香酥，方得一碗上好的“臊子”，配上鲜面，保证几分钟内肉汤都不留一滴地下肚。

在成都吃小吃，还在其闲适的趣味。虽然你遇见挑担子卖豆花和凉粉的机会在减少，但在那些喝着茉莉花茶的树下还是能遇见。上好的卤水点出的豆花，筋道有劲而毫不含糊，而卖相漂亮的凉粉凉面更是夏天最好的伴侣。奶白、土黄或碧绿的凉粉浸透在细腻的辣油中，红得心惊肉跳，滑滑麻麻，香辣中丝丝甜意，味道层层叠叠，仿佛比几十年的人生还丰富。

## 成都小吃到底有几种？

成都那些与川菜一样鼎鼎大名、脍炙人口的名小吃，早年多由小商小贩肩挑手提，沿街摆摊设铺经营起家的，往往由小商贩的姓氏和设店开业的街道为名，如赖汤元、钟水饺、张老五凉粉、铜井巷素面等，除了少部分幸运儿，大部分老招牌已经消失了。

2013年逝世的庄良成是成都小吃历史的一个传奇。当时这个年过八旬的老人，每天骑自行车走街串巷，遍寻成都的小吃师傅，终于在一个个记事本上，填满了204种成都濒临失传的小吃。鸡汁包、芽菜酱包、牛肉豆花面、香酥面、火腿汤圆、三六九汤圆、淋糖汤圆、波丝油糕、散子豆花、芥末鸡丝春卷……几成绝响。唯一可以庆幸的是，成都是一个在食物上有无穷创意的城市，经过挑剔的成都人舌头验证过的新小吃，亦年年出现。

## 何处吃

尽管锦里和宽窄巷子抑或春熙路都有成规模的小吃，可你要是告诉别人说你去锦里吃小吃，那就无异于在脸上贴了一个“游客”符。春熙路到盐市口商圈周围也比锦里要好，看当地人吃哪里就跟着去是个诀窍。一定不要吝于问当地人，谈起吃，每个成都人都眉飞色舞并握有自己的私房名单。可以肯定的是，成都几乎每个居民区附近500米内都有够你吃上几天的美味小吃。

（左）成都小吃街上的麻辣凉糕。刀哥 摄
（右下）叶儿粑。GETTYIMAGES 提供

# 串串

## 比火锅轻巧愉快的麻辣生活

钵钵鸡。GETTYIMAGES 提供

一个对四川和重庆有着基本常识的人，是不会说出“四川火锅”这个词的——你会收到成千上万重庆人的白眼乃至激烈的批评教育：火锅是重庆的！不过成都人会很淡定：反正我们有串串。

可反驳的是，串串偷师了火锅的形式和成分，它在上世纪80年代的出现，其实不过是蠢蠢欲动的小伙子们要追求漂亮的成都姑娘，却又囊中羞涩而催生的就餐形式。串串有火锅之风味，却又不花几个钱，当然轻松惬意。在80年代最红火的青年路太平洋影院旁边，一个煤油炉子上架上一口锡锅，摆上几个凳子，就能召唤全城最时髦的青年集结而来，搭台共涮一锅，吃几十串牛肉后潇洒地去跳舞。

在早年，串串如此流行，除了真的好吃外，还在于物美价廉和就餐形式的舒畅自在。在那些热门的串串店，吃饭时间总是排起长龙，数十口锅在各自桌上沸腾着，不计其数的海带、土豆、牛肉片、花菜、莴笋、毛肚、香肠、鱿鱼、冬瓜、黄腊丁、贡菜、海白菜、魔芋、黄花、藕、空心菜、排骨在红汤中进进出出，蘸油碟是一味，蘸特制的干碟又是另一种滋味。热火朝天地吃肉、喝茶、加汤、上酒、数扦子之后，算下来经常一人也就二三十元。这些年，随着不让使用老油导致行业集体开收锅底费，加之物价整体上涨，串串进屋，现在去装修讲究的地方吃一顿串串价格可以说其实跟吃火锅差不了多少，但成都人还是爱吃，大概就在于它比火锅更闲适也更有消磨时光的魔力。

### 何处吃

#### · 黑哥串串

成都成华区新华社区新鸿南路79号

这家藏在老小区里的店铺从下午五点半就得排队，大概是因为它极辣的指数、便宜的价格和粗犷的室外桌子。牛肉、排骨和豆腐干都是必点的，记得要辣碟，并做好拉肚子的心理准备。如果你喜欢更摩登干净的店，那么不妨试试**二胖牛油串串**（双林路35号附7号），这家窗明几净的小店用的是牛油火锅的锅底，因此辣香十足，每天也是六点就要排队了。

### 【冷锅串串与钵钵鸡】

安逸慵懒的成都人，当然是受不了夏天围炉的热，那样子谈起恋爱也不体面。于是有聪明的老板，把串串全部给你弄熟，放在香辣的秘制红汤里给你端上来，你只需要动口吃就行了，这就是现在大行其道的“冷锅串串”，由于是专业后厨操作，它口感确实比自己涮要更上一个层次。

外地人很容易把冷锅串串和钵钵鸡搞混。钵钵鸡来自乐山，钵钵是指陶做的盆，乐山人将去骨鸡片在白汤里煮熟后，再把这些食物放在精心调制了芝麻和红油的鸡汤里泡着，所以得名钵钵鸡，现在早就各种荤素食材用竹签串起浸在盆里了。所以形式跟冷锅串串很像。但钵钵鸡是冷食，比起麻辣的串串，味道更为隽永，你也可以将其理解为汤头丰润的川式凉菜，最适合溽热的盆地夏夜。

# 兔头

【做成了巨头的小脑壳儿】

兔头。CFP 提供

尽管兔肉是最具有川菜特色的食材，但兔头成为四川新小吃的一个标志，也不过是改革开放以后的事情。从前，兔头属于不上档次的边角料，常常是小贩用小锅煮着，沿街叫卖，几毛钱一个，是大人小孩子都可以拿来解馋的零食。后来大鱼大肉不是什么稀罕的事儿了，饱暖思稀奇的人们把目光投向可以啃来打发时间的物件，兔头的地位慢慢提高，做法和吃的方式俨然已经上升到理论的高度。

最有外地名誉的兔头是双流老妈兔头，走的是麻辣风格，原因是创始人当年就是在双流县城开麻辣烫的，常常在麻辣锅里煮兔头给儿子解馋，不想开创了一代名吃。如今在成都平原，兔头已经几乎用尽了川菜料理的所有方式，卤水的、麻辣的、五香的、怪味的、生炒的、酱拌的、烧烤的，不一而足。各家差别，有的一啃就知，有的得要老饕用十来种不同的工具细品，告诉我们他手上的兔头，究竟有哪样的十八般滋味。

四川人有多爱吃兔头呢？中国兔业协会给出的数据是，中国人一年大概要吃掉5亿个兔头，四川是兔头的第一消费大省，至少吃掉2亿至3亿个，而成都又至少占90%。兔头对四川人来说，就像大闸蟹对江南人的地位一般，只不同的是，四川人可以一年四季捧着兔头就着啤酒或球赛啃着，比起大闸蟹的一期一会，更有纵酒不缀的狂欢气质。

## 何处吃

· **钟记兔头**

成都新都区东环路364号（近钟楼车站）

成都著名的两派兔头恰好来自一南一北两个郊区。南是双流，北是新都。双流老妈兔头在北京也能吃到，但新都的几家兔头就一定要到当地才能尝到。虽然新都的兔头多半是五香和麻辣风味，但都会浇上特色的老卤汁，使风味更滋润。钟记是新都派的代表之一，位于新新菜市旁不起眼的路边，每每夜间座无虚席。西环路的**龙记兔头**也是新都另一家老字号。

## 【自贡冷吃兔】

成都可能并非全四川最爱吃兔子的地方，盐帮菜的中心自贡对兔子的热情完全是有过之无不及。在一次网络票选十大盐帮菜中，冷吃兔荣登榜首，盐帮鲜锅兔排名第七，比闻名全国的名菜鱼香茄子地位还要高。

自贡、内江、富顺、荣县一带是全国有名的养兔之乡，兔肉供应十分充足；只要是有客人到四川自贡、内江一带做客，好客的主人招待客人必备的一道菜就是冷吃兔，这道凉菜在自贡家家会做，所放的辛香料也各不同，但当地人都知道用一种特殊的方式把所有骨头一起拉出来，所以与成都的兔头比起来，用冷吃兔下酒完全没有用手啃的压力。也不必专门去自贡吃，成都盐帮菜名店“自贡好吃客”就有这道非常辣、也非常嫩的美味兔肉。

# 苍蝇馆子

【好吃嘴的自由精神】

成都夜啤酒。刘成 摄

川中著名文人、老饕流沙河给苍蝇馆子下了个十八字真言定义，即“店堂窄，地上脏，桌面腻，菜品精，价钱廉，味道好”，少一个字也不成。

这个名字自带一股上世纪的幽默，如今的成都，早已是一个现代化的大城市，市政完善，干净程度在华西算得上翘楚。阳沟早已消失，死水更无微澜，纵使这些小破馆子的地上仍然腻着一层油，大概也吸引不来苍蝇，只会吸引来一拨拨的好吃嘴。

正是川人的“好吃嘴”，使得他们对餐厅的外在条件格外宽容，味道好就一切好说。这种习性从祖辈就开始了。在民国时期，少城附近的数十条街巷，条条皆有红油小馆，基本味道极佳，上菜也迅速，祠堂街的邱佛子就是其中的代表，邱佛子老板姓邱，原是木匠，其小饭馆主营豆花小菜饭，也有红烧肉、樱桃肉、鸡翅膀烧肉等菜品，这些菜品至今也是四川苍蝇馆子的常见货色，在当时，四五个成都百姓在这样的小馆子吃顿饭，也不过一两元。菜上桌时，下面的隔层里点一盏菜油灯，使小菜始终保持一定的温度，在寒冬腊月畅谈醉饮个把时辰也不怕菜冷。

这个木匠出身的老板是个典型的精明川人，在日渐摩登的成都城，他发明了一次性竹筷，大投受“新生活运动”影响的新市民所好。那时的苍蝇馆子亦有风流雅韵，大作家李劼人就曾在指挥街开了一家“小雅”餐馆，四张八仙桌招待八方食客，李大教授自己独创的厚皮菜烧猪蹄颇受欢迎。

## 何处吃

### · 无味饭店

成都九眼桥好望角广场

这是一家喂饱了几代川大学生的苍蝇馆子，直到今天仍然是川大学生喜爱的校外饭堂之一。软耙鲜嫩的醉牛肉是其招牌菜，浸在火辣的火锅汤中。在物价飞涨的今天，大吃一顿也不过还是人均几十块。肖家河是另外一个有着浓郁老成都味道的地方，这里一堆没什么环境可言的馆子好吃实惠，尤其是火了很多年的**江油肥肠**（肖家河中街26号），招牌豆花肥肠是完美搭配，十分入味。

## 【苍蝇馆子的放假神话】

改革开放后，各种私营餐饮在好吃的天府之国迅速复活，成就了很多市井传奇。颇有一些老板不求挣大钱，更有很多食客不挑服务挑味道，因此就出现了“点菜还挨骂却乐此不彼去吃”的笑话。每年都有各种机构在评比苍蝇馆子十强、五十强，有口碑的馆子随时都要排队，这样常年火爆的结果是导致很多馆子的春假放得特别长，甚至有在春节前后歇业两个月的，康二姐串串的员工还会放假旅游……每每引起网民的羡慕起哄。你要是春节前后去成都，可以肯定的是很多名单上的馆子都已关门休息了。

事实上，这些苍蝇馆子的经营者，跟绝大部分四川劳动人民一样勤劳，若不是他们，你不可能在川渝大地几乎二十四小时都能就近享受到美味。一个长长的春假，是一种恰到好处的知足常乐，也是这块土地上忙碌生存也要求享受的生活哲学。

# 冷啖杯

【冷菜夜酒风月谈】

都江堰冷啖杯。CFP 提供

想要解释什么是成都人说的“冷啖杯”，拿“夜啤酒”和“大排档”来类比显然无法准确对应，尽管它的确指的是一种夏夜在室外售卖简单酒菜的夜食摊儿。但这三个字各有真意，自有川西坝子的一股优雅闲适在。已故的成都资深报人车辐说道，“有酒无肴”是指四川人“吃酒不吃菜”的习惯。无肴即无肉，不吃菜即不吃厚重的热菜。酒客们聚在院坝河岸，坐小木凳，桌子摆几碟凉菜，一壶冷酒，牙尖嘴利，谈笑风生，纵是下里巴人，也能生出几分风月。

这却是逝去的画面了，东门外府河边的少城下院坝旁，曾经闲适的公共空间如今和街头茶馆一样逐渐缩减。倒是成都人好吃和八卦的本性还在，使得“冷啖杯”字在形移，菜和肴跟了上来，成为初夏到深秋最受欢迎的消遣。

上世纪90年代以前，冷啖杯的下酒菜主要就是煮毛豆、煮花生、带壳炒花生、炒胡豆这些简单的玩意儿，也有人卖些便宜的卤肉，热菜并不是没有，但没有用大酱大油，一切简单适意。90年代以后，情况不同了，冷啖杯的菜品像成都女人的妆容一样愈发丰盛和艳丽，各色浓郁的卤菜成为各个摊的力推主打，各种做法的兔头、鸡脚、龙虾争奇斗艳，麻辣的炒田螺和小龙虾也成为必备品，没有五六十个菜品选择根本不好意思出来摆，海鲜和河鲜都能吃到。再后来，各种提供非炒菜的夜宵露天食摊儿都能自称冷啖杯，唯一不变的是吃什么都能自得其乐的食客，大家围坐在一起喝着冰冻啤酒，天南地北海吹，上至华盛顿莫斯科，下至张孃孃王老汉，一直闲摆到天明。

## 何处吃

### · 都江堰南桥

被俗称为南桥的“普济桥”是都江堰夜生活的核心，在成都开阔院场不是很少就是被广场舞霸占的情况下，凉风习习的都江堰岷江旁就成了备受欢迎的冷啖杯一条街。串串烧烤齐备，河鲜海鲜也是家家有。成都市区的耍都和玉林地区冷啖杯的密度也很高，但和都江堰比起来欠缺的就是天地壮阔万人豪饮的气派。

## 【冷热二三事】

### 啥时吃

冷啖杯的摊子一般日落黄昏时就摆出来，也基本全都没有固定的打烊时间，一切主随客便，只要有一桌食客意犹未尽，老板通宵达旦也没有问题。

### 凉拌鱼

觉得田螺、龙虾、兔头、火爆鳝段这些太上火，不妨尝尝泸州特色的凉拌鲫鱼，这鲜嫩爽辣的鱼蒸熟后浇上配好的凉拌汁，其特别的异香来自泸州叙永特产的木姜油，有一种近似香茅的味觉快感。

### 热啤酒

冷啖杯在入冬后基本销声匿迹，然而那些夜晚的菜品还是会在室内的小餐厅出现。冰啤酒在这时不如以前受欢迎，有的店铺会用枸杞、大枣、酒酿和冰糖，加入啤酒煮开，香甜暖胃，成了蜀中冬季夜宵的一大选择。

# 重庆

在被划为大重庆的这片辽阔的区域，层层山峦下，是一座又一座的江城。从重庆、江津、涪陵、丰都、万州到奉节和巫山，浪奔浪流，仿佛整个长江的承重，都压在两岸已无猿声的坝峰上。

这就是江湖。生活在长江中上游这片峡谷的人们，注定有不安稳的命运。虽然纤夫的川东号子已不可闻，但巴山夜雨下高楼大厦的迷离灯光，依然是现实和文艺作品中传奇发生的最佳背景。

在川菜的族谱划分中，这一片区域被划为“下河帮”。既为下，就注定也是前沿。湿冷又湿热的江边气候，豪放又不拘一格的码头文化，深刻地影响了重庆的饮食风格，使得这里饮食的麻辣气势远远超过精耕细作的川西平原。有意思的是，作为巴蜀与内地交往的水路门户，重庆最大的角色并非引进，而是成了巴蜀饮食的最大出口。

这几十年来在全国市场“兴风作浪”的川味，细究起来，十有八九是江湖中偶得的“渝菜”。且不说已成川味标志的重庆火锅，说起酸菜鱼、毛血旺、口水鸡、水煮鱼、辣子鸡、泡椒鸡杂、干锅排骨、香辣蟹和香辣牛蛙这些一盆盆的火红美味，款款都是“天下谁人不识君”，重庆短短的八年陪都生涯，管治的不过是华西的部分国土，而今不论东北西北，还是北京深圳，神州大地的食客们隔几天就会把自己的口舌交与重庆的江湖味道“治疗”一番。

江湖中人精明亦耿直，敢于创新却也忠于口味，所以，重庆的菜肴相较于传统官家川菜，用料大胆，制作手法亦不拘一格。就像从前的三峡水道，峰峦起伏，河山万象。

锅节，十万人冒雨烫火锅。CFP 提供

年 月 日
重庆

# 火锅

## 上岸的码头 麻辣美学传奇

不论形，还是意，重庆火锅都是极艳之物，但从一开始起，它就跟下里巴人逃不开关系，像是江湖里长出的泼辣之花，无意间成为重庆对中国做出的最伟大的饮食贡献。

光绪十六年（1890年），重庆开埠，扬子江、嘉陵江乃至川黔水道的货物往来愈加繁盛。那时的货船都有开船仪式，祭龙王保平安，公鸡煮熟，斩件八块，船工们就着汤锅蘸着辣椒花椒开吃，称“鸡八块”。聪明的小贩们学着这种方式，购入便宜牛肉、牛杂、牛油渣等切成块片，放入一个洋铁制有八格的锅烫食，一时风行码头，称为“水八块”。很快这种形式便登堂入室，在重庆成为民国陪都的那些年，临江门的“云龙园火锅店”、保安路的“一四一火锅店”和南岸海棠溪的“桥头火锅店”都是一时名店，名流云集。

虽在国难时期，但这些陪都火锅店也是极为体面的。卤汁用铜锅盛装，金边瓷盘摆菜，矮桌子配的却是高凳子，是为了方便当时穿长旗袍的妇女。八年时间，重庆火锅的美味被下江人认识和接受，在1949年以前，上海和台湾就已出现了重庆麻辣火锅。

20世纪80年代，火锅在重庆重燃激情，只是当时人们尚不富裕，很少有人单独烫一口锅，“水八块”的后代“九宫格”便成了解决方案，桌子不坐满人不点火。在那个陌生人共烫一锅红艳的年代，几片毛肚，一些闲谈也能讨得红颜欢心。眉来眼去之间，成就了很多九宫格的终身。

## 毛肚的正确开涮方式

“毛肚”之毛，指的是水牛胃形似毛巾。这薄薄的几片，最能把辣椒的香味诱发出来，因而成了重庆火锅经久不衰的头牌。现在最贵的毛肚200多元一份，也不过十来片。几乎每家火锅名店都以当天屠宰运来的毛肚招徕顾客。要是做到真正当天新鲜进货，爽脆感基本都有保证。

但这个保证也是建立在你有“技术”的基础上。毛肚（包括第二受欢迎的鸭肠）煮久了嚼不烂，火候不足又生又腥。怎么才能恰到好处全凭经验。有人说鸭肠烫七秒，毛肚烫八秒，口感一定好。更广泛被接受的说法是“七上八下”，将毛肚和鸭肠反复地放进锅再提起，目的是让食物重复高温和冷却，从而使其口感更脆。当你看到毛肚起泡、鸭肠打卷，也就差不多合适了。

## 何处吃

### · 大龙火锅

重庆小龙坎电台巷黑竹笋香鸡对面

重庆人到今天仍相信，最好的火锅都藏在破街小巷里。这种老火锅店环境差，可还是每天晚上五点半起就开始排队，为的就是超辣却又香醇的那锅汤。所有牛肉和牛杂类都极鲜美。如果你不喜欢这样袒胸露臂的环境，那么可以去江北的**镇三关老火锅**（江北区滨江路商业街7栋3楼），古色古香的装修，让火锅脱离了下里巴人之感，当然价格也毫不含糊。

（左）重庆老火锅。GETTYIMAGES 提供
（右下）九宫格火锅。GETTYIMAGES 提供

# 小面

## 只可意会不能言传的山城秘方

一千个人眼里有一千个哈姆雷特；一万个重庆人眼里有一万碗小面。因为实在太难给小面下个定义了，甚至，它也没有各户必须遵守的规范，放什么青菜得看季节，辣度麻度、干拌还是宽汤全看个人喜好。它只存在于重庆，和这座火辣的城市一样潇洒、不羁和随意。

小面虽无定法，不过有一些重庆特征还是显而易见的。首先必须够麻够辣，汤汁火红，麻辣中有多重复合增香增鲜的素材，至于是十四种香料还是十八种香料，那就是各自店家的独门秘笈了；其次，臊子对小面来说并不是必需品，虽然各个店家都有杂酱、豌豆、牛肉备着，但那又是一味“豌杂面”或“牛肉面”，评判的标准要给如今庞大的肉食动物群来说话了。

麻辣小面早年间是“专供”劳工阶层的，小碗精细的担担面实在不划算，那比较适合穿旗袍的名媛和穿长衫的绅士。对江湖儿女来说，一海碗麻辣面下去，饱腹又好味，久而久之，就成了一种情怀和口味。尽管它的佐料和汤底被开发得早就跳脱了“穷人早餐”的定义，但本质上，重庆小面还是一碗几片藤藤菜（空心菜）垫底，麻辣汁调味，加上煮好的含碱面条的一碗素面，唯一的荤香是汤底的那一勺猪油。就餐环境也相当随意，板凳面（没有饭桌，板凳代桌）实属常见。在这么简单的格局之中，能够做出一万碗不同的滋味，且香味都有细微差别无法复制，这就是重庆人的本事，也是小面难以走出重庆的原因。外地人哪里尝得出那么多千变万化麻辣的区别呢？

## 何处吃

### · 胖妹面庄

重庆渝中区中山三路139号希尔顿酒店旁

尽管已经成了连锁店，胖妹的各色重庆风味面在重庆人口里仍能得到广泛认可，两路口的这家总店天天人满，味道也是一如既往地浓麻鲜香。如果住在解放碑附近，**花市豌杂面**（青年路77号万豪酒店对面）的豌豆杂酱面是不二之选。吃小面实在不需要专门跑到哪一家店去，也不用参考网上的50强名单，问一下酒店员工或者出租车司机，一公里内绝对有他们每天来一碗的"心头好"。

（左）重庆胖妹面庄。钱晓艳 摄
（右下）重庆板凳面。钱晓艳 摄

## 【重庆的米线】

就像重庆菜的光芒被火锅遮蔽了一样，重庆的米线在小面的巨大气场下，也只能向隅独处。其实，对米线这种口味清白的食材来说，重庆烹饪的江湖味，反而很搭，也成就了米线浇头花样繁多的局面。跟几乎永远独沽一味的小面比起来，成了重庆早餐或夜宵一个另类却很愉快的选择。

老字号"李米线"是重庆米线界的爷爷辈。浇头是很典型的重庆江湖风格，泡椒牛肉、泡椒蹄花和泡椒鸡杂浇入米线中，那个浓辣鲜香，毫不逊色于小面。不太能吃辣也可以选择对重庆人来说算是温婉典雅的酸菜牛肉米线。嫌泡椒还不够味的重度辣椒依赖者，火锅米线可以让你舌头和肠胃都得到虐感满足。

# 江湖菜

【大盆吃肉大碗喝酒的二十一世纪版本】

一度席卷全国的水煮鱼。GETTYIMAGES 提供

在过渡的陪都时代，随着四面八方的达官贵人涌入，重庆的餐饮业开始了一段海纳百川又精雕细琢的气派，红毛大螃蟹坐着飞机来，会馆里卖的巴黎冷盘，小饭店亦有售脱胎于三明治的"火腿面包"（用的是中国火腿）——一直到1958年，当时的重庆高档饭店仍提供储存的上好白兰地。

这样的浮华精细就真的浮到了天上——随着都城地位的失去，名厨和他们服务的对象流到上海、台北、香港或者北京，重庆那两江之间的码头气场就满满回魂了。这里有帮派、有袍哥、有棒棒军，江山之下，是自然而然的江湖，即使在新中国的前三十年也无法将之压抑。1980年后，重庆的餐饮业一发不可收拾，在各种水陆码头、交通要道，人们因地制宜，灵感一来随手创造了无数名菜，一如江湖气势浩浩荡荡，潮起潮落，只得那一时风流，也就不枉出现过。

"江湖菜"这个名字，最早出现在1987年，《重庆晚报》的一篇《家常川菜纵横谈》，把改革开放以来出现的那些不按传统烹制技法加工的非正宗家常菜，创造了个新名字：江湖菜。

这些新菜大多出现在城郊或交通要道上，天生就具有码头粗犷豪放的气质，大把撒辣椒，大瓢加花椒，甚至绝大部分菜品都是装在大锅里，基本上一伙人围着这一锅重口味的食物，就能哗啦啦下去一盆饭，这正是流行江湖菜最常见的场景。可也正是这样看似乡土的做派，却成了川菜在中国开辟疆土的利器。回锅肉和麻婆豆腐在家里做做就好，真正外出聚餐，还是大盆大盆的水煮鱼、酸菜鱼、香辣牛蛙、毛血旺、万州烤鱼之类的江湖菜更受全国各地人们的欢迎。

## 何处吃

### · 邀弟哥江湖菜

重庆江北区洋河北路九鼎花园北门洋河体育场旁

虽然说江湖菜要去江湖中吃才好，可是如果你没有自己的交通工具，那么重庆城里这家江湖菜馆也能大大满足你，听听它的头牌菜"发动鸡"就很江湖，用泡椒烹饪的所有海鲜类都值得尝试，最好点上半打啤酒，不然你会辣到吃不下去。稍微走远一点到渝北区，**吴童妹江湖菜**（黄泥磅市公安局大门对面）现杀的尖椒鸡口味又重又爽，火焰牛肉和自制锅巴都值得一试。

## 【江湖菜的寿命】

重庆江湖菜已经成了川菜（现在有些人会坚持称为渝菜）最主要的新菜创新发动机，然而有创新就有淘汰。一道菜红了之后，常常是满山遍野开放，一夜东风又呼啦啦消失无踪。曾经南山都是泉水鸡，歌乐山都是辣子鸡，现在都只剩下当年走红的那一两家。2014年走红的柴火鸡和鸭脑壳，我们根本无法预测它会生存到2016年还是2026年。

基本上，重庆的食客们对一道又一道著名菜式"始乱终弃"后，这些菜式的流传和改进就得靠全国人民来维护。现在已经没有什么重庆人会主动跑去江津双福镇吃发明酸菜鱼的"邹鱼食店"了，但酸菜鱼看样子仍会在全国餐厅里继续生存下去。

# 渔船鱼

【旧长江的年代料理】

重庆三峡流域的渔船。CFP 提供

在老一辈人的记忆中，扬子江上游第一重镇的重庆，从来都是盆地中料理鲜鱼的第一天堂：怎能不是呢！两江之汇，万重山间，多少野鱼浩浩荡荡，东溯西游，穿行在白帝城永沉的峡谷江底，偶被江水上漂移的艄公，送上了朝天门的码头。

俱往矣，如四散的三峡儿女。鬼城成了水底的幽魂，江鱼也日渐成了一个传说。如今每年二三四月的春天都成了重庆水域的禁渔期，为的是保护越来越罕见的各种长江野生鱼类——鲟鱼、青波、岩鲤、胭脂鱼等昔日常见的长江鱼类，现时已成为稀罕之物。

就当年的名厨来说，烹制江鱼，绝不会像如今的江湖菜一样大开大阖，反倒是婉约精致，怕辜负了这一身被江河激荡、千锤百炼过的细嫩。清蒸和干烧是常见的味型，无论是鲟鱼、青鳝、白鳝或其他长江鲜味，均可做到“温泉水滑洗凝脂”的境地。但如果是上到渔船上吃鱼，那只能是另外一种豪迈路数，船家身兼打鱼、掌船和做饭数职，只能因陋就简，快手煮就。花椒辣椒，泡椒泡姜，酸菜酸萝卜等江湖常见材料，也成了渔船鱼的主要材料，只是鱼本就鲜活，怎样做都是好吃的，如今盼的，反而是可遇不可求的真正“江”鱼了。

朝天门外的打鱼船早已成为昔日影像，真正的渔船兼营江鱼并不是没有，不过你得深入到三峡和嘉陵江的沿岸各处去寻。现在去吃渔船鱼，多半是去那些从前只是在码头停放的趸船改造而成的水上餐厅。在船上，围坐在船尾的小木桌边吃鱼，轻波拍舷，光影迷蒙，就着摩登大都会的璀璨夜景，也是一种21世纪式浮华外的清风吹面。

## 何处吃

### · 北滨路

重庆渝澳嘉陵江大桥北桥头下

以嘉陵江两岸无敌夜景为伴，吹着江风吃鱼喝酒的气势，让聚集在桥下的渔船餐厅成为重庆人招待来客的好地方。别点贵鱼（不环保也可能是假的），麻辣味或泡椒味的鲶鱼和黄辣丁就好。涪陵的乌江口和万州的长江边也有很多渔船餐厅。

## 【还能吃江鱼吗?】

并不是吃所有的江鱼都是违法的。三峡工程给长江鱼类的自然洄游带来了阻碍，也让重庆思考如何更好地恢复长江的鱼类生态，并出台了《重庆市三峡库区天然生态渔场建设规划》。从2010年起，每年都投放大量的各种鱼苗，其中也包括江团这样的名贵鱼类，以期在未来，在“高峡出平湖”的现实下，造就万千渔网荡库区的场景。

反过来说，你就可以对所有号称江鱼的餐厅打上问号。事实上，整个重庆一年消费50万吨鱼，从江中捕获的仅8000多吨。还是吃那些平凡又美味的鱼来欣赏江景吧，我们伤害了长江，得养它来还。

# 火锅

尽管重庆火锅闻名于世，但火锅这种吃法并不是川渝独享，在北方的草原地带，在南方的珠江口，以及西南地区的那些崇山峻岭，都有广泛的、不同风味的「锅子」存在并广受欢迎。和重庆火锅热爱毛肚鸭肠一样，他们也有各自偏好的食材。

CFP 提供

## | 潮汕牛肉锅 |

汕头的牛肉火锅已经成为每个牛肉爱好者都会去朝圣的地方。据说这个城市每天屠宰多达一千头牛,屠宰分切后马上由专人用摩托飞车送往各牛肉店，前后不会超过4小时，没经过冷冻，吃起来非常鲜嫩。其中最有名的海记牛肉店，传说垄断了这一地区最优质的黄牛来源，因而十多年来江湖地位不倒。

潮汕人对牛肉的分类非常细致：吊龙伴、五花趾、三花趾、牛胸捞等，都各有不同价钱。弹跳得力的潮式牛肉丸也是潮汕火锅最好的伴侣，蘸点沙茶酱滋味无穷。

## | 广式打边炉 |

每到冬至，广府地区的人多会食鱼脍，打边炉。打边炉即是广东话里对所有火锅的通称，一般常用高汤及沙嗲汤，讲究的餐厅也有用广东老火汤做汤底，两汤同吃称为鸳鸯锅，烫熟食物后蘸酱油食用。

用来打边炉的配料丰富程度跟广东人的好吃程度差不多，你能想到的鲜物都能涮进锅里，肥牛肉、鲩鱼片、鳝片、象拔蚌、生蚝、鱼滑、虾滑、豆类制品、蔬菜菌类、饺子面食都属常见，蛇肉之类也不罕见。这些年，海鲜边炉成了热门，从香港到汕头，种种海鲜都一锅端了。

## | 顺德粥水火锅 |

粤菜的重要策源地顺德，在火锅领域也贡献了自成一格的粥水火锅。锅底的粥是见不到米粒的，几乎可称得上稠滑如雪，味道清鲜。实际上，要经过10多个小时的熬制并将米渣隔出才能够得到这美味的粥底。油炸鬼、鸡块、贝类、牛腱、斑鱼、蚌仔、猪杂等是粥水火锅常见的配菜，煮完喝一碗融汇了食材精华的粥下去，全身舒爽。最有名的店牌是大良镇的毋米粥。

## | 涮羊肉 |

最好吃的涮羊肉并不在京城，而是在辽阔的内蒙古草原上。重点倒不是这种食法原本就来自满蒙军队，而是内蒙古有上好且新鲜的羊肉。在呼伦贝尔草原吃涮羊肉，小料别忘了加上海拉尔特产的野生韭菜花和沙葱，更能提出当地放养羊肉的鲜味。涮完了羊肉用鲜汤煮一碗面，把羊肉的鲜继续带到面里去。

## | 豆米火锅 |

贵州人喜欢的豆米火锅，汤底可一点儿不简单。豆米（红豆）一定要熬出沙沙的口感，入口即可感受到豆米的醇厚感，入口即化。还要加入贵阳特色的软哨（五花肉煸炒后的美味浇头）一起煮，汤才会更醇更浓。涮上各种肉食、蔬菜和豆制品，蘸糊辣椒调成的蘸料，豆香、肉香和菜香都在嘴里，最后喝上一碗浓浓的豆汤或者用豆汤泡一碗饭才算完结。

## | 牦牛肉火锅 |

牦牛肉火锅是你从云南或四川进藏时，一路都可看到的招牌美食。它因地制宜，巧妙地将当地的新鲜食材用川滇的烹饪方法制作，比起风干牦牛肉更能让游客接受。从滇藏线进入和从川藏线进入，吃到的风格也略有不同。滇藏线会配腊排骨、野生菌和薄荷，蘸料通常是糊辣子；川藏线上的牦牛汤锅，则跟川中的羊肉汤锅或翘脚牛肉一个路数。好吃的程度，还得看牛肉的新鲜度和熬汤的时间。

## | 酸汤鱼火锅 |

酸汤鱼的酸，并不是醋或者酸菜这么简单，而是多重发酵复合而来。贵州各地有不大相同的制酸方法，常见的是用贵州特产的野生小番茄发酵一周，糟辣椒放酸，淘米水发酵变酸，三者同煮才得到酸汤鱼的汤底，活鱼现点现杀，蘸糊辣椒和山胡椒，吃完鱼肉再煮些蔬菜和豆制品，连汤带菜喝下去，最适合天无三日晴的苗寨之夜。

## | 台湾麻辣锅 |

本质上，台湾麻辣锅是模仿重庆火锅而出现的，但它已经摸索出自己的品格，在台湾成为了主流食物，在上海也备受欢迎。在大部分台湾麻辣锅店，主流的红汤汤底已经捞走了花椒辣椒大料这些“渣”，不太辣的甚至可以喝。汤里已经有煮好的鸭血和豆腐，很多店都可以无限续加，成为和冰番石榴汁一样的卖点。

# 江苏

江南物产之丰盛，对菜肴之精雕细琢，对追求时令之讲究，恐怕别处难以匹敌。淮扬慢工细活，苏锡酱甜味鲜，徐海鲁风渐劲，令食客们的味蕾也如逛园子一般，移步换景中处处惊喜，流连忘返。

江苏何以钟灵毓秀？造物主早以江河湖海为它布局。长江把江苏一分为二，形成了豪放派的苏北和婉约派的苏南。淮河恰巧踏在著名的中国南北分割线“秦岭—淮河”一线之上。太湖、洪泽湖分别是中国第三、第四大淡水湖，水中物产更是琳琅满目。沿黄海，江苏有长达954公里的海岸线，从连云港的沙滩到盐城的湿地，也有不少令人眼前一亮的美味。

曾经盐商汇聚的扬州，培养出了最肯花心思、动脑筋的淮扬菜厨师，也拥有了“开国第一宴”的荣耀。在江苏，从南到北的口味都以它为基础，相互融合。苏锡菜口味由偏甜而转变为平和，又受到淮扬菜的影响。徐海菜则咸味大减，色调亦趋淡雅，向淮扬菜看齐。

不过对于“吃时令”，江苏各地都毫不示弱。暮春，腌笃鲜里吃遍了一季的笋，虾仁里飘着碧螺春的清香，品尝“长江三鲜”（河豚、鲥鱼和刀鱼）正是时候；夏季，糟鲜上市分外香，粉蒸肉必然包上荷叶，南通的文蛤和盱眙的“麻小”（麻辣小龙虾）在热浪里掀起火爆；深秋，洞庭湖瓜果熟，大闸蟹脚已痒，金陵盐水鸭拥着桂花香，狮子头和汤包都有蟹粉点缀，菱角和鸡头米一配，养生又美味；冬天，藏书羊肉下肚，菊花锅子一炖，配上一壶冬酿酒，一年就惬意地过了。

在江苏，对食材的万般钻研，只因当地人骨子里浸透着对生活的热爱。

主，运送食材的小船。GETTYIMAGES 提供

# 头汤面

【第一碗分外香】

苏州德兴馆的枫镇大肉面。钱晓艳 摄

东边才微微有些光亮，就有人匆匆出门，不是着急赶工，而是要去抢一碗每天最重要的面。苏州人讲究吃，爱时令，天下闻名。面食却一向是北重于南，西重于东，苏州人竟会爱面，还是作为早餐，确有些出乎意料。与别处不同，他们看重的不是面本身，而是高汤和浇头，甚至连下面的汤水也不愿意将就。

头汤面，老苏州都爱那一口。头汤，不是第一碗高汤，而是第一锅用来煮面的清水。谁赶得最早，谁就能抢到当天面馆下的第一碗（批）面条。陆文夫在小说《美食家》里描写得特别形象："千碗面，一锅汤。如果下到一千碗的话，那面汤就糊了，下出来的面就不那么清爽、滑溜，而且有一股面汤气。朱自冶如果吃下一碗有面汤气的面，他会整天精神不振，总觉得有点什么事儿不如意。"

早晨四五点钟，面馆里的大师傅就吊好了汤，做好了浇头，六点多钟，赶早吃头汤面的客人便推门而入。仿佛在寺院上到了头香，头汤面一点上，嘴巴很刁的食客们才能安心坐稳。

"哎！来哉……红两鲜末两两碗，轻面重浇，免青宽汤。硬面一穿头，浇头过桥。"虽然苏州话软糯无比，但这样的响堂听来仍是抑扬顿挫，肚子里的馋虫哪里还藏得住。面一上，三五分钟内全部"宣光"（吃完）的才是老手。再听周边，啜吸之声不绝于耳，这样的节奏可真是畅美无比。

## 何处吃

### · 琼琳阁面庄

苏州书院巷20-4号，近十全街

藏在美食路段的边缘，据说是目前苏州人眼中最好吃的面馆，秘密全在一碗汤。单是看看此地师傅用来吊汤头的原料和家什，就让人不由自主地咽口水了。面质爽滑劲道有弹性，加上醇香肉排浇头，就是一碗招牌面。若是现炒浇头，就更美了。在它之前，无数老苏州们都奔赴城西的**胥城大厦**（三香路333号），他家奥灶面从昆山原版引进配方，头汤面自然够赞。

## 【清汤重卤出好面】

汤，堪称一碗苏式面的灵魂，汤色清澈则是最高境界。这锅汤不叫烧，而称为"吊"，意在逼出食物天然的鲜味，吃后绝不会口干舌燥。要吊一口好汤，不仅要用上猪肉、火腿、土鸡、鱼头、鳝骨等食材，至少还得文火慢熬一天才行。

卤，是各种调料和香料的合体，真正地决定了汤的走向。卤是秘方，常由老板亲自调制，概不外传，它也是一家面馆的根基所在。苏式面分红汤和白汤，差别就在于卤，前者加了酱油和糖，后者则不加。

红汤面，汤色如琥珀，味道咸中带甜，甜中带鲜，通常配上爆鱼、荷包蛋等已备浇头，或是虾仁、猪肝、鳝糊等现炒浇头。白汤面却更有意思，苏州人只在夏天食用。大致分为两种，一是源自枫桥（就是夜泊的那个）的枫镇大面，清汤上撒着些许酒酿米粒，横着一块入口即化的焖肉；一是奥灶馆的卤鸭面，昆山大麻鸭原汤烹制，鸭肉性凉，倒真是应了季节。

吃面时，还得讲究是盖浇还是过桥（浇头另置小碟中），重青（蒜叶）还是免青，是宽汤（汤多）还是紧汤。若想吃到正宗的苏式面，有个简单诀窍，专找那些卖过午市就收的馆子就是了！

# 扬州狮子头

## 【粗切细斩门道多】

用上等食材做出佳肴不足为奇，能够将人人都能获取的东西做成令人百吃不厌的美味，才算是厨师的最高境界。淮扬菜以刀功见长，论精细之素，必定是千丝万缕的文思豆腐，要论精到之荤，狮子头可算是一例。

若是北方人见到它，一定会说："哟，这不就是咱的四喜丸子嘛！"肉丸子，古今中外都能找到食谱，也不是什么稀罕之物，但扬州狮子头却能千年拢得食客心，成为外来客点击率最高的淮扬菜。开通了运河的隋炀帝，开元盛世的郇国公韦陟，数下江南的乾隆爷都对它赞赏有加，估计也是不曾料到粗放的肉丸竟能变得如此非同凡响。

家里的丸子大多是剁细了肉馅而制，狮子头却不然。必须找肥七瘦三或肥六瘦四比例的猪肉，并不是剁，而是一刀刀切成大约三四毫米见方的小粒。淮扬菜师傅们看似随意切出来的肉，大小均匀，分毫不差。经砂锅微火长时间焖炖之后，肥肉渐溶，瘦肉粒粒凸显，又是偌大一颗，确实可称"狮子头"。咬上一口，肉质松散而即化，细碎的马蹄添了爽脆，大个下去竟不觉得油腻，汤头更是鲜美。

扬州狮子头分清炖、清蒸和红烧，同样很讲究时令。春节家家做风鸡，就吃风鸡烧狮子头，开春笋头拔尖，该吃春笋狮子头。明前吃蚌肉烧狮子头，明后吃鮰鱼狮子头，夏天吃清蒸狮子头，秋天吃蟹粉狮子头……如此这般，四季相随，总不叫人腻味，反而对它时有念想，厨子们的功夫才不被辜负。

### 何处吃

扬州的本地菜馆子至少有九成做淮扬菜，街边的一碗长鱼（鳝鱼）面就能吃出正不正宗，也可以上狮子楼这样口碑不错的酒楼去吃。但据说好厨师们都被省会挖去了，比如南京各大星级酒店里，常有淮扬大师打造的传统与创新的淮扬菜。

### 侯新庆

扬州人，南京香格里拉大酒店江南灶中餐大厨，师承淮扬大师周晓燕，擅长刀工，甚至可以蒙眼把豆腐切得细如发丝，人称：淮阳刀客。

**淮扬菜最大的特色是什么？**

师傅说过"醉蟹不看灯，风鸡不过灯，刀鱼不过清明，鲟鱼不过端午"，指的正是淮扬菜的时令性。除此"秦岭—淮河"一线重刀工和火候。文思豆腐便是将刀工和火候完美结合的最佳菜肴。

**做好狮子头的诀窍在哪里？**

红烧的讲究浓油赤酱，口味重而入口饱满；清炖的则要求鲜香而肉质不腻。制作狮子头时，除刀功外，在肉质中添加各种调味料，如盐、姜汁等的分寸很重要：多了，尝不出鲜的味道；淡了，嚼而无味。高汤对于狮子头的烹饪只是辅助作用，关键还是本身的肉质粗细均匀和各种调配的比例适当，这样才能成为一道美味且经典的淮扬名菜。

**你有没有特别创新的淮扬菜呢？**

我都是在传统基础上进行改良，比如鸡粥燕窝、淮扬双味虾、醋溜黄鱼等。

**红楼宴是淮扬菜吗？哪里可以吃？**

曹雪芹笔下的红楼菜就是淮扬菜，"不时不食"在红楼宴里面有更多的体现，尤其到了春天像草头、马兰头、芦蒿等蔬菜，以及"长江三鲜"等。在扬州做得比较正宗的红楼宴是扬州迎宾馆，服务和餐厅都有红楼的气息，值得一吃。

# 金陵名鸭

【桂花香吃鸭忙】

南京桂花盐水鸭。CFP 提供

上南京人家里做客，主人必定出门剁一碗盐水鸭回来摆盘，说不定还是跑了老远的路，偏要上最好吃的那一家买不成。南京人爱吃鸭子简直到了疯狂的地步，前几年就有统计说他们一年能吃掉一亿只鸭子。南京地处长江边，也是著名的“火炉”城市。夏季高温湿热，俗话说“大暑老鸭胜补药”，看来，地域早决定了饮食习惯。

从战国起，南京就有了筑地养鸭的传统。最初成名的是南京板鸭，将鸭子用盐卤腌制后，用竹筷将胸部撑开，挂于通风处晾干。看似硬邦邦如铁板一块，但肉质紧密，味香入骨，特别适合下酒，而且还能长期保存。只可惜普通人不太容易掌握制作秘诀，于是，新发明“金陵盐水鸭”就立刻拔得头筹。它新鲜细嫩，肥瘦适宜，毫不油腻，还讲究现做现卖，现买现吃。清代、民国时期，各路老饕对于南京盐水鸭都念念不忘，回想不断。民国张通之的《白门食谱》记载：“金陵八月时期，盐水鸭最著名，人人以为肉内有桂花香也。”这又让它得了个新雅号——桂花鸭。

除此之外，烤鸭在明代也已经颇受皇家推崇。若不是有了明成祖迁都北京这一出，世人皆知的恐怕得是Nanking Duck了。瞧瞧，咸鸭肫、鸭血粉丝汤、鸭肉包子、鸭油烧饼……连鸭臀尖也美其名曰“松子香”，看来“金陵馔鸭甲天下”真是所言非虚。

## 何处吃

### · 章云板鸭

南京升州路236号

南京人如此爱吃鸭，自然也对它高标准严要求。能够让他们排起长队来买鸭子的店，怎能错过？盐水鸭，皮白肉红骨头绿，肥瘦相间得恰到好处；烤鸭，皮脆肉香卤汁甜，趁热吃更是传说中“让人感动到流泪”的美味。至于其他鸭部件，便是众人各有“心头好”了。另一家老字号盐水鸭**清真韩复兴**（湖北路，乐业村对面），多年火爆，一众鸭货齐全，即便是真空包装的整鸭也不失水准。

## 【金陵鸭的“大恩人”】

“六朝古都”是南京千年前就被冠上的美誉，指的是在江东建立大业的孙吴，加上东晋和南朝的宋、齐、梁、陈。直到1368年，朱元璋在此建都，才让它第一次有了国家首都的真正规模和气度。

南京人为什么爱吃鸭子？传说当年明太祖建造中华门屡建不成，便向周庄财主沈万三借来聚宝盆一用，说定第二天五更时一定归还。不过，皇帝后来下令更夫只能打到四更，又连夜派人把南京城内外的鸡全部杀掉，连鸡蛋也全部打碎。他自然不必归还宝物，可从此以后，南京人就只能吃鸭子。现实之中，沈万三确实被要求捐资建造三分之一的南京城墙，皇帝也觊觎其财许久，不过这鸭子嘛，只是传说罢了。

洪武年间，南京城建造了不少清真寺。马皇后确实是穆斯林，但如今很多学者认为连朱元璋本人也是“色目人”的后代。无论如何，清真菜馆随之而生，如今著名的饭馆马祥兴、盐水鸭店韩复兴都是清真老字号。他们向来讲究饮食卫生，牲畜一律活杀放血，鸭子也收拾得干干净净，绝不留一根毛桩子。盐水鸭，也就从这些教门馆子逐渐走向了兴盛。

# 扬州早茶

【皮包水真惬意】

苏州留园茶室。钱晓艳 摄

烟花三月下扬州，看到的景象与1400年前自然不能相提并论。但扬州人举手投足间的那份平静恬淡，却好似一个历尽繁华的老人家，有过腰缠万贯的过往，有过明月夜的醉生梦死，得意时春风十里，失落时一夜凋敝，如今只是笑笑说，都过去了。

学着扬州人过一天，早茶是第一道。茶名唤作“魁龙珠”，由浙江龙井、安徽魁针和江苏珠兰混合配制而成，一壶茶里蕴含龙井之味、魁针之色、珠兰之香，这样讲究的“三省茶”，足见盛世风韵犹存。

大煮干丝是淮扬菜的看家功夫菜，早茶席上也是必点。切成细丝的上好豆腐干，堆在飘着黄油的高汤之中，配上菜心、香菇、虾仁，简单的食材也变得富贵起来。另有一款烫干丝，更讲究“烫功”，先用开水烫三遍，烫软也去了豆腥味，然后在干丝上放上一撮姜丝继续用开水往下一烫，再加上配料，淋上酱油和麻油。“看起来清淡，闻起来清香，吃起来清爽”（朱自清《说扬州》），这一口单纯的鲜香，是当地人的最爱。

早茶席上细点颇多，最得人心的自然是翡翠烧卖、千层油糕和三丁包。扬州食客早已将座次排名摸得一清二楚，三丁包吃富春，翡翠烧卖去冶春，锦春的青菜包不错，毛牌楼的豆腐皮包子好……真真恨不得一家吃一款，方能满足。旅人们喜欢冲着各种“春”字号而去，但本地人却愿意在梅岭东路上吃几家不讲装修、只求味美的馆子，避开游人，守着自己那份“皮包水”的悠闲，就够了。

## 何处吃

### · 冶春茶社

扬州丰乐下街8号

傍着护城河，依着垂柳，看着弯曲的河道上开过来的游船。此番如画美景相伴，忽地就将茶社变成了昔日文人墨客吟诗作对之处。冶春的细点不错，尤以翡翠烧卖出色。要上一壶清茶，几味小吃，便将扬州城的人情风景一并皆收了，请外地朋友最合适。但说到扬州人自己的心头宝，恐怕还要上新城吃**花园茶楼**（兴城西路83号），口味更重，以各种包子为特色，想去吃可要赶早。

## 【扬州早茶之当家花旦】

早茶，早茶，必须赶早，特别是要去那些名气响当当的茶社。别以为八点出门就算早，扬州人的早茶六点半就开始了。除了干丝，还有不少好货也值得尝尝。

**三丁包** 富春茶社首创，鸡肉、猪肉和笋被切成很小的丁块，吃起来嫩、肥、脆三种口感分明，味道又融合，早茶头牌便是它了。

**蟹黄汤包** 早茶中的白富美，也是“皮包水”的典范之作。将吸管轻轻戳进大包表层，慢慢吸吮这包充满蟹香的高汤，宛如“喝蟹”。这个包子只喝不吃，够大牌了吧。

**千层油糕** 菱形的油糕据说足足有64层，层层猪油与砂糖相叠，清肥慢长起酵，面上再撒红绿丝，扬州细点甜味不多，这油糕当然占了甜点的头把交椅。

**翡翠烧卖** 青菜切得细细碎碎，皮子薄得透出里头翡翠之色，纤口一握，火腿末一点缀，小小一个烧卖，露的是扬州细点的看家功夫。

**肴肉** 原是镇江名物，却在扬州更风光。镇江醋，细姜丝，一片肴肉，无论配茶还是下酒，都是好料。

**酱菜** 三和四美酱菜早就是扬州的名片，虽只是乳黄瓜、宝塔菜之类的佐餐小物，创立却有200多年，也早在100多年前就得了世界博览会的金奖。

# 无锡小笼

【甜甜鲜鲜两百年】

无锡小笼王兴记。钱晓艳 摄

在100多公里以外的上海，就有一位更享盛誉的同门兄弟，但真要谈历史，无锡小笼当然是远远领先。于是，它的粉丝群也依然遍布苏南和沪上，毫不逊色。

如果途经惠山脚下的古镇，便可以在那里找到一家"忆秦园"。秦园，就是惠山边上位列江南四大名园的寄畅园。店招赫然写着"1751年始创"，那一年有什么特别？乃是乾隆皇帝第一次下江南。到了无锡之后，他从黄埠墩换乘小船到秦园，品尝了当地的小笼包，连连称好。自此，园主秦氏一家的小笼包便留传至今，无锡小笼包也从那时开始名震江南。

众人皆云锡菜甜，从小笼包里也可以感知一二，肉馅里加了挺多酱油和糖，颜色浓重，不过这"咸出头，甜收口"却能吊出十足之鲜呢。肉馅大不大，汤汁多不多，皮子薄不薄，这是当地人判断小笼好不好的标准。

秋风渐起，蟹粉小笼一来，便立刻改了甜味只剩鲜了。馅料保留肉色，包进肉里的是蟹油（见"阳澄湖大闸蟹"），因此与肉融合得恰到好处，不会有蟹归蟹、肉归肉的剥离感。顶部没有完全封口，每一个都顶着一块金灿灿的蟹黄。皮子够韧够薄，必须用筷子从口上插进肉馅，方能把包子稳稳提起。轻轻一咬，一口汤汁入口，不油不腻无负担的清汤口感，浓浓的蟹味漫上舌尖，毫无腥气只留鲜甜。

这样的美味，不在百年老店，不在宽敞明亮的店堂，只藏在小巷之中，等着珍爱它的人们，寻觅而来，畅快而去。

## 何处吃

### · 无锡忆秦园小笼包

无锡惠钱路一弄1号11-3

（近惠山古镇）

千万别去古镇里头那一家秦园，这家店就藏在惠山古镇牌坊边上的小巷子里。局促的一楼是随时包着小笼的店员，二楼也不过大小桌几张。蟹粉小笼是绝对主打，配上一碗仅6个的超大馄饨，吃完后就到古镇里消消食吧。说到大众普遍认可的，**熙盛源**（健康路84号，薛福成故居边上）算是头牌，小笼皮薄馅大，市内分店不少，是本地人眼里最合口味的食店。

## 【小笼 金牌伴侣】

在无锡，做小笼的店家必须有两样东西：一是小笼，一是馄饨。无锡小笼的百年老字号王兴记，最早也只是一个小小的馄饨摊。它现在只是众人口中"吃名气"的地方，但创始人王庭安却是把馄饨和小笼这两样东西放进一家铺子卖的头一人。

最出名的三鲜大馄饨，馅料由开洋（虾干）、榨菜和肉混合而成，源自东亭乡间；若是升级版，便是将开洋变成更新鲜的虾仁。早年间，馄饨店里只有这两种。如今可不同了，江南最大众的荠菜馄饨也加入进来，连三四月间江阴的刀鱼、大名鼎鼎的太湖三白也入了馅，价格当然就不太亲民。馄饨的吃法，又分汤馄饨、红汤辣馄饨和拌馄饨。老吃客们说，其实小笼还挺容易做好，但要把馄饨做好，却是难了。肉馅必须要切得够细碎，吃口才好，馅料的配比需调和得了众口，只可鲜不可咸。都说熙盛源的小笼好，倒不妨仔细吃吃他家的馄饨，令人惊喜。

另有一种手推馄饨，现在能吃到的地方不多。顾名思义，馄饨皮是手擀而成，皮子却依然薄透，面粉中也不放碱水，需要现擀现包现吃。一碗馄饨出炉，又滑又润的皮子里包着腿心肉，当真是细致可人的美味。

# 太湖船菜

【湖光山色落盘中】

JIANGSU 年 月 日 江苏

太湖渔船。CFP 提供

“太湖美呀太湖美，美就美在太湖水”，三万六千顷的太湖，是江南之肾。不到太湖边，便无法感受到歌里所唱的白帆红菱、芦花稻香、肥鱼美虾，也不会明白江南人“好吃”的特性从何而来——若没有太湖鱼米之盛，哪儿来城中的珍馐满席，落箸如雨？

秋日，太湖新开捕，鱼虾满仓竞丰收。此时约上三五好友，点上一只画舫或是渔船，缓缓行至太湖之中，看远近各处船帆点点，跟船娘聊聊渔家生活，颇有置身世外的绝妙。

“正月塘鲤肉头细，二月鳜鱼长得肥，三月菜花甲鱼补，四月昂刺鲜无比，五月银鱼要炒蛋，六月莳里白鱼肥，七月夏鲤鲜滋滋，八月鳗鲡酱油焖，九月鲈鱼肥嘟嘟，十月大头鲢鱼汤，十一月青鱼要吃尾，十二月鲫鱼要塞肉。”渔家歌谣，唱出了太湖四季，也唱馋了一众食客。

太湖船菜，就地取材，不比馆子里排场气派，却胜在原汁原味。鲜货鲜做不说，都是一镬一锅的小灶菜，汤水也不相混，很是精细。传统的船菜，一般是四双拼冷盘，二炒、二汤、五大菜，加上点心。酒席完后，还有四碗便菜用来下饭，通常都是素菜，为的是解一解之前的荤腥。

如今的船菜，没有那么多规矩，或是客人现点，或是船娘随意发挥。尝着“太湖三白”（白虾，白鱼，银鱼）、时鲜瓜果，看水天一色，若是兴致一来，还能跟着船老大学学撒网捕鱼。这样的渔家野趣，令人念及2000多年前的陶朱公，想来他当年也是这般逍遥自在吧。

## 何处吃

太湖虽大，船菜却也不多矣。苏州光福镇的太湖船菜街，是颇为集中之地。无锡作为太湖船菜最早的流行地，近年来沿湖的船菜馆已经很少，鼋头渚风景区内的**横云饭店**，湖滨饭店内的**太湖珍宝舫**，还能体验到水边用餐的乐趣。

## 【太湖船菜吃哪边？】

船菜的风行，最初只是因为江南水网便利，搭船而行的人们，饿了自然就在船上解决一餐，吃的大多为湖鲜水产，以活杀、清蒸、酒熏为主，完全纯天然。到了晚清民初，太湖船菜专指无锡船菜，文人雅士无不精于这“食景两相宜”之道。那时太湖上有王、杨、谢、蒋四家大画舫，分别还对应了各自的大菜——八宝鸭、西瓜鸡、荷叶粉蒸肉和蟹粉鱼翅。

1946年，蒋介石、宋美龄与马歇尔夫妇一起乘坐“苹香号”画舫游览太湖。“十景大拼盘、蟹粉鱼翅、香酥全鸡、鸡油菜心、松鼠鳜鱼、冬菇冬笋豆腐、酱炒鸡丁、炒大玉、红焖冬笋、玫瑰寿桃、伊府寿面大锅，最后配以鸡生、腰片、菠菜、白菜、粉丝等四荤四素的便菜。”看看这份当日菜单，便可知船菜可不是什么江湖菜，乃是精心烹制的私房菜，太湖三白也只是小菜而已。

太湖船菜扬名在无锡，可惜因为蓝藻事件，2007年之后，湖上皆不准经营船菜，只能靠湖边画舫来达意。隔岸的苏州光福倒是保留了“乘风破浪吃船菜”的特色。近年来随着太湖治理，水质渐清，或许无锡船菜又有复兴的机会了。

# 阳澄湖大闸蟹

【白似玉黄似金】

中华绒螯蟹广泛分布于南北沿海及湖泊之中，偏偏到了阳澄湖，便套上了戒指（品牌认证），冠上了“清水大闸蟹”的美名。皆因此地水质清纯，水浅而地硬，得以入住此等水晶宫的螃蟹，自然高了别处一等。“青背、白肚、金爪、黄毛”样样不少，爪子特别有力，善于攀爬，其他列位弟兄可是比不上了。

每年秋天，苏南人民都在翘首等着西北风刮起来。关于吃蟹的俗话太多，“西北风一刮，蟹脚就硬了”，恐怕是其中最直接也最有用的一句。“九雌十雄”也是一样好记。农历九月吃雌蟹（腹部呈圆形），雌蟹个头小，此时已然成熟，蟹黄脂红肥厚，块块留香。农历十月吃个头更大的雄蟹（腹部呈三角形），洁白的膏丰腴之极，直吃到粘住了嘴才罢休。若是吃错了时间，被人笑话事小，暴殄天物才是真。

不懂吃的跑去上海吃蟹，可是人家会吃的老早就说了，“不是阳澄湖蟹好，人生何必住苏州”。蟹苗均来自上海崇明，但螃蟹却生长于苏州东北的阳澄湖。每到金秋食蟹季，人们开车到阳澄湖，直接上船现点现蒸，吃完还得带几对回去送给亲朋好友。

古人对这道美食甚为尊崇，还特制了“蟹八件”来对付难啃的甲壳，让吃蟹变成了一件风雅事。不过若要吃得爽快，不如手扯牙咬，趁热打铁。楼道里，每家每户飘起醋香，蒸笼上的大闸蟹就快好了，这应该是江南深秋最美的饮食画面吧。

## 何处吃

阳澄湖位于苏州境内，上海人、昆山人在湖西的巴城吃，苏州人在湖东的唯亭、相城吃，又以莲花岛为胜。2011年阳澄湖大闸蟹开始带有防伪标志，但很多也是上市前放到湖中的“汰浴蟹”（洗澡蟹），所以能够到湖上现吃最为靠谱。

## 【大闸蟹的N种吃法】

**蒸着吃还是煮着吃？**

螃蟹现蒸最合时宜。将它们捆扎好后，隔水蒸上20分钟左右即可。吃时蘸着姜醋而食，若吃的是正宗阳澄湖大闸蟹，那么不妨直接入口，享受原汁原味的清甜。

（左上）拆蟹肉。GETTYIMAGES 提供（左下）满黄的雌蟹。钱晓艳 摄（右）饱满的公蟹。CFP 提供

## 先吃肚还是先吃脚？

其实二者皆可，分歧在于哪个先冷而已。一般吃法，先揭开腹部的小盖，再掀开蟹壳，把里头的蟹黄掏干净，三角形的胃弃之。然后把两边的腮剥去，用蟹脚尖将中间的六角蟹心（极寒）挑出，将蟹一掰为二，吮吸膏黄，慢慢拆肉。蟹脚咬去两头后，从一头吸一下即可把蟹肉吸出，如果不行，用筷子或其他蟹脚尖一戳就好了。

## 蟹粉和蟹油怎么分？

蟹粉，螃蟹蒸熟后拆出的蟹肉，可以搭配别的食材做成菜肴，比如蟹粉豆腐，但不易久存。蟹油，是将蟹肉和蟹黄放入猪油中熬制，直待水分完全逼出，然后冷却贮藏，可以保留较长时间。如果考究一些，只用蟹膏蟹黄熬制，那便是顶级的“秃黄油”，舀一勺拌饭都是满口蟹香。

# 上海

「海纳百川」，最适合形容上海菜。四大菜系排场早就撑开，西洋各国料理紧随其后，昔日冒险家们都怀揣各自家乡的「心头好」前来，今天理想家们也把馆子开到了梦想之地。还是那句老话，在上海，想吃什么就有什么。

自从上海开埠，“烂泥滩上铸就了万国建筑，小渔村飞速变幻成远东的巴黎”，十里洋场，风云人物荟萃于此，全国的珍馐美味都在此地云集，上海的餐桌活脱脱就是一幕“食国演义”。

擅长走南闯北的徽商率先把徽菜带入，今天一些耳熟能详的上海名菜皆源于此。继而周边的苏、锡、常纷纷把自家绝活带到了上海，受到乾隆皇帝特别青睐的淮扬菜又岂能示弱，没过多久也扎下根来。所谓“本帮菜”此时开始登场，自然也是采众家所长。海禁一开，广东人便把清新淡雅的粤风引入上海，到了二十世纪三四十年代，反而一跃成为沪上主流。其余各省食势不强，也总有几家出挑的拿手菜。洋人的西菜口味虽古怪，但西餐厅和咖啡馆却成为军政头目、洋人、买办、豪门贵族的交际场所，久居法租界的人们至今还以咖啡和面包作为早餐。

这样的格局，一百多年后仍未改变，上海滩依然是各种风味的馆子林立。银子不足，可以在便利店、快餐厅解决三餐；银子丰腴，自然是可以在看得见浦江的餐厅里用刀叉和美酒来体会。本帮菜地位日下，却依然故我，暗黑料理也成为猎奇美味。西餐、日料和川湘菜成为今日上海最受瞩目的头牌，但你若想体验“四大金刚”和花色浇头面，一样可以找到好去处。瞧，其实没什么上海菜，但想吃尽管放马过来。

滩餐厅外的夜色。金海 摄

# 本帮菜

## 【浓油赤酱之魅】

说到“帮菜”，脑海里立现“帮派”。昔日，三林塘的农家厨师，跨江而来进军十六铺，不但将草根出身的菜肴带进了馆子，还将徽菜的重油、重色、重火功，苏锡菜的专营时令，浙菜的爽脆鲜咸一并收入麾下，在最终的厨艺大战中，为本帮菜杀出一片天地。这一段“十六帮别闹申城”的往事，若是拍成电影，定能完败各种爱恨情仇。

本帮菜最早的拥趸是码头工人，“浓油赤酱”改变了他们缺油缺盐的饮食，也成为本帮菜最为人熟知的“icon”。出身不算太高，但凭着取材亲民（圈子、秃肺、猪下水等），也赢得了百姓的心。上海人至今仍然爱用酱油和糖一起调味，因为酱油咸中带鲜，比盐来得层次丰富；酱油和糖融合之后，荤菜中的油脂和胶质令菜肴自然成芡，口味浓郁。这样的汤汁遇上粒粒分明的米饭，便成了世间美味。

二十世纪二三十年代，上海洋行街的海味馆老板将销路不好的乌参提供给德兴馆，以求厨师试制菜肴。“虾籽大乌参”这道新菜应运而生，乌参酥烂软糯，稍稍一碰便轻轻抖动，干河虾籽吊出自然的鲜味。上桌之后，它便一跃成为本帮菜的头牌，也拉开了本帮菜吸引洋行小开的序幕。

只是70多年之后，在难调的众口和涌入的人潮双重压力之下，本帮菜早已被川菜、日料等新名词超越。幸而一部《舌尖上的中国 2》为它挣回了不少面子，但能吃到纯正本帮菜的馆子，唯有德兴馆、上海老饭店和老正兴三家而已。所以，你若可以到上海寻常人家蹭饭，千万要去。

## 何处吃

### · 德兴馆

上海广东路471号

创始于1878年的老店，当然也是上海本帮菜馆的鼻祖之一。虾籽大乌参是德兴馆首创之招牌，油爆河虾、八宝辣酱等也是点击率最高的菜品，不过当然是浓油赤酱又偏甜口。若非南方人，不妨先从一碗金奖焖蹄面开始，细细品味老字号吧。无数不多的老字号之外，新派上海菜倒很得人心，**新大陆中国厨房**（黄浦路199号上海外滩茂悦大酒店东楼大堂）的烤鸭和绍酒鹅肝值得为之奢侈一下。

（左）本帮菜中的红烧肉。GETTYIMAGES 提供
（右下）本帮开洋葱油拌面。钱晓艳 摄

## 【向祖师爷致敬】

当浦东三林塘的农民顶着“铲刀帮”的名头，在十六铺开设饭摊求生活时，绝不会想到他们能在各路帮菜中脱颖而出，并自此开创了本帮一路，成就了上海滩另一幕厨界大戏。如今本帮菜几乎快被年轻人淡忘了，但也有人在默默坚持。这种感觉有些像《一代宗师》，辉煌已过，但规矩依然。

83岁高龄的李伯荣师傅，家族五代——用大铲刀帮厨乡里的爷爷、成为德兴馆股东的父亲、70年厨龄的他、从文宣工作转投厨业的儿子和同为厨师的双胞胎孙儿，都是吃着厨师的“萝卜干饭”（艰苦的学徒生活）长大，最终成为本帮菜的料理高手。

李师傅在德兴馆时，跟师傅一起钻研出了虾籽大乌参，甚至还为杜月笙做过饭；在上海老饭店时，徒子徒孙众多，依然不断推陈出新，做出糟煎银鳕鱼这样新奇的烹调方式。就连弹琵琶的业余爱好，也是为了让手指灵活有力。今天的李伯荣堪称本帮菜“活着的祖师爷”，对食材的理解已然登峰造极。见自己，见天地，见众生，他都做到了。

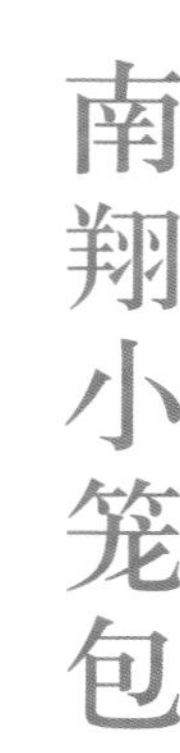

# 南翔小笼包

## 【轻啜汤慢品鲜】

路过城隍庙，当然不能错过小笼包。慕名而来的远方客排起长队，却未必个个会吃。只见这位妙龄姑娘，夹起一只就囫囵吞下。真替她担心，不知道有没有烫破天花板（上海话意为上颚）和嗓子眼，当然更替那只小笼包不值——它的鲜汤尚未被人细细品尝，它的十几个褶子尚未被人一一观赏，就被这样塞进了肚子，欲哭无泪。

面对一只晶莹剔透、小巧粉嫩的小笼包，有经验的食客懂得那句诀窍：“一口开天窗，二口喝汤，三口吃光”。夹时要落筷于包子的上端，才不会把皮戳破先漏了汤。吃时，要先在边缘轻轻细啜一口，一包鲜美可口的汤汁才能完整入口，也不至于飞溅到身上。猪皮加入鸡汤后煮成胶质，然后将此肉冻添入馅料，这才令汤汁饱满无比。汤汁吃完，便要一口将小笼包放入口中，才能体会它的皮薄肉嫩，个头虽小肉馅却大。若是有心隔着玻璃窗看看小笼包诞生，就能知道肉馅分量足足比面皮还大上一倍，没有经年苦练，还真是难以包出这样完美的小笼包。肉馅的质地轻盈，想要分辨品质，只要把其放入一杯清水之中，能浮在水上的就是好货。初尝小笼包，不妨筷勺并进，将小笼包放在勺子里慢慢享用。

吃小笼包就得这样小心翼翼，全神贯注，一任性就不行。别忘了配上小碟姜丝加镇江醋，稍稍解腻，回味无穷。

## 【小笼包之不得不说】

从南至北，用小竹蒸笼蒸出的小包子都被称为“小笼包”。话说同治年间，上海近郊南翔镇上有家日华轩，老板黄明贤天天在古猗园门口叫卖自家的大肉馒头。但生意一好难免“被山寨”，不过他却因此想到了“重馅薄皮，以大改小”的方式，一两面粉做十个包子，个个玲珑剔透。这可算是包子发展史上的一大革新，让“南翔小笼”一炮而红，足足火爆了一百多年。

上海人把小笼包称作“小笼馒头”。说到小笼包的馅儿，早年间还会加上不少时令美味，春日添笋丁，夏日加虾仁，秋天自然是蟹粉。时至今日，虽然猪肉馅儿已然鲜美有加，但所有店铺里都会加上蟹粉一味，价格也差不多翻了一倍。蟹肉和蟹黄有其独特鲜香，不过要领略鹅黄熔浆的蟹粉之妙，不妨一客鲜肉一客蟹粉“对镶”而细品，方才不负珍味。

城隍庙和古猗园的小笼包固然是老字号，民间却也有不少高手。愿意吃精细高端的可以找鼎泰丰，想吃老味道的可以去王家沙，源自河南路街边小铺的佳家汤包也在上海拥有不少粉丝。

## 何处吃

### · 南翔馒头店

上海豫园路85号（九曲桥边）

虽然小笼包源自南翔，但位于老城隍庙的这家老店占尽了天时地利人和。底层热气蒸腾的外卖处一贯是长龙，更上一层楼就更精贵一层。但有一代代老师傅坐镇，味道始终如一。不过呢，除了小笼包以外的其他包子，就不必尝试了。

（左）南翔小笼。GETTYIMAGES 提供
（右上）享用小笼的孩童。GETTYIMAGES 提供
（右下）蟹粉小笼。GETTYIMAGES 提供

# 海派西菜

【怀旧的西风东渐】

住在法租界老洋房里的“老克勒”，如今依然很习惯咖啡加面包的早餐，出门必然裤缝笔挺，皮鞋锃亮，头路清爽。自从150多年前开埠，德国人带来了牛排，法国人带来了蜗牛，各国菜肴遍地开花，上海人把厨师称作“大菜师傅”，正由此而起。

但要说最厉害的，还是中国厨子。在西风东渐第一线的上海，老一辈的厨师早就开始发挥创意，洋为中用，在“海派”文化里又添了道“海派西菜”。它真可称得上是融合菜、分子料理的鼻祖，虽看起来是西式，却只有在上海才能吃到，若是到了原产国，恐怕就要失望了。

罗宋人（俄罗斯人）带来的简单红菜汤，换成卷心菜，摇身一变成了上海滩华丽丽的罗宋汤，还添加了不少民间智慧。维也纳炸牛排是上海炸猪排的前身，猪排被拍打得足有原来两倍大，才能算是海派风格，吃的时候当然也得配泰康黄标辣酱油才能过瘾。即便是大闸蟹，蒸熟拆出蟹肉蟹黄塞回蟹壳里，封上芝士烤热，就成了焗蟹斗，听上去比焗蛤蜊亲切得多，更别说用鱼翅鸡茸熬制的金必多浓汤了，简直太符合名流胃口。有了海派西菜，上海人的饮食习惯也一再被刷新，即便是在物资匮乏的年代，大家还会泡一种像板蓝根块一样的块状速溶咖啡，从冒出的香味也能一解西菜之馋。

如今为数不多的海派西餐馆里，坐着的都是怀旧的阿姨爷叔，装束精细明媚，吃着西餐，喝着咖啡，仿佛和窗外走过的都市潮人们分隔在两个世界。

## 何处吃

### · 德大西菜社

上海南京西路473号（近成都北路）

沪上能吃海派西菜的地方寥寥无几，德大的历史将近130年，而著名的“德大猪排”最终成了上海人的招牌家常西菜。土豆沙拉、罗宋汤和巧克力蛋糕也相当受好评。环境确实怀旧，不过服务员是老克勒还是大嗓门，就看你的运气啦。当然，海派西菜的另一个引申义就是，价廉物美。还想试试别家的话，**红房子西菜馆**（淮海中路845号）价位稍高地段好，**新利查西菜馆**（广元路196号甲）则被中年人浓郁的“沪语”气氛包围。

## 【海派西菜小秘籍】

高大上的西餐得去高级馆子，但海派西菜却是家家都能做。虽然它们可以就地取材，制作方式也简单，但在上海“100户人家就有100种味道”。反正是“海派”，每家“姆妈”都有自己的秘籍，不如进厨房看看？

### 罗宋汤的汤底

这汤里要放的蔬菜种类多，卷心菜、胡萝卜、西红柿是标配，还可以加洋葱、西芹等。至于汤，这一家用牛肉炖煮几个小时作为底汤，那一家却喜欢吃切成小块的红肠；这一家用炒面粉来添稠，那一家也许搞点南瓜、土豆泥，也有懒人索性直接勾芡。只要通红，酸甜，黏稠，并且得是一大锅才好。

### 炸猪排的蘸料

不配辣酱油的炸猪排不是真海派。这酱油说辣不辣，其实是一种酸甜口味的酱汁，却又不是糖醋味道，带点儿辛口。它的前身是英国的李派林喼汁，据说又是19世纪30年代由印度的某种辣酱汁改良而来。在上海，辣酱油已经问世80年，泰康黄标也为人熟知，前几年还曾经断货一阵，引得老饕们纷纷囤货呢。不过，最近也有一些店家，开始重新启用李派林喼汁，以求西式原味。

# 黑暗料理

【穿越中的味道上海】

上海夜市馄饨摊。钱晓艳 摄

上海之所以为"魔都"，因为它常常能有令人意想不到的对立面——昔日的外滩和老城厢，浦西的洋房和浦东的高楼，又譬如今天在高大上的新天地背后，是肇周路的黑暗料理一条街。有"帝都人"常揶揄"来上海就是数高楼"，第一次被带着造访此地，就被这接地气的奇景感动，立刻把它定为出差必游之地。

为何不是必吃，而是必游？因为除了以最平民的消费享受弄堂美味之外，置身夜晚老城厢浓郁而本色的生活气息中，才是夜赴肇周路最大的乐趣所在。对于本地人来说，这是怀旧的味道，对于过客而言，这是上海的另类景点，哪怕只是站上一会儿，也会对上海刮目相看。

肇周路的黑暗料理并非无证经营的摊贩，而都是在这条小街上驻扎了数十年的老店。日间路上无甚特别，只是"日落而作，日出而息"，真正只做黑暗时段。每天夜里，小店面亮起了灯，人行道上搭开了木头桌椅，店里的男人女人们开始生火、备料、迎接吃客。吃的是最简单的豆浆油条、馄饨面条，食客可以抛开身份，手拿筷夹，爽快之极。虽然魔都物价日夜高涨，甜豆浆也不过从5角涨到了1块5，何况这是自家制造而非早餐铺子里的塑胶包装，在瓷勺粗碗的碰撞声里，重回儿时纯真不再是梦。如果在深夜听到豪车的轰鸣声，也不用觉得奇怪，黑暗料理面前，谁管出身？

## 何处吃

### · 耳光馄饨

上海肇周路209-213号

店名来自上海话"好吃到打耳光也不肯放"，荠菜馄饨分5、8、10个起卖，很是贴心；淋着浓厚花生酱的拌馄饨和汤头鲜美的汤馄饨，各有千秋。三五个人，要汤馄饨、拌馄饨两三碗，辣肉面一碗，炸猪排一块，保证吃得满意，没准还意犹未尽呢。

## 【肇周路三绝】

新天地南边的老城厢地界，有不少夜间营业到凌晨的餐馆，肇周路当然最受欢迎。一整条肇周路是一个倒"L"形，不过黑暗料理都集中在建国新路与合肥路之间的那一段。

建国新路肇周路路口，就是老绍兴豆浆店，老吃客爱叫它"阿婆豆浆店"。九旬的阿婆在小小的铺子里做了几十年豆浆，依然把一切打理得跟她的头路一样清爽。自她去世后，子承母业，小店也提前到夜里10点就开了。豆浆、油条、粢饭（糍饭团）和糍饭糕，皆是自产自销，充满了炭火的香味，也是肇周路上排队最长的地方。

大约百米开外，就是耳光馄饨，眼见他家的门牌号从1个连成5个，生意仍是节节攀高。店中另外一绝是无论人数多少，店员只凭脑力而不用笔记，便能准确无误地端上食物，不信便可挑战试试。

过合肥路的良友便利边上的弄堂里，藏着长脚汤面。红汤面里隐藏着一丝清甜和鲜香——猪油搁得够多。价格不算便宜，而且长脚哥定出了"11点前不开"、"心情不好不开"等规矩，但低矮的店面里依然夜夜挤满了人。

# 早午餐

【城中流行范儿】

英国人其实挺可怜，总在干那些为他人做嫁衣裳的事儿。Brunch早在100多年前就由英国贵族发明了，Breakfast（早餐）和Lunch（午餐）各取一半，为的是周日晚起和去了教堂之后，可以美餐一顿。可惜，日不落帝国最终只能代表优雅传统，如今在上海风靡起来的早午餐，却是来自美剧症候群。从《欲望都市》到《绯闻女孩》，这些骄傲的纽约“白骨精”每个周末都从曼哈顿的各个方向赶赴这场最重要的聚会。早午餐，不仅为了犒劳自己一周的忙碌，八卦内容更是天马行空，从工作到男人，但有一点不变，就是无不彰显上东区之高端生活品质。

早午餐到了魔都，更是愈演愈烈，本城白领也常爱在周末约上三五伙伴来个Brunch。到底吃的什么？当然不止火腿蛋松饼。大多做Brunch的餐厅会推出套餐，有些秉承英式早餐，从薯饼、吐司到煎蛋、培根，分量十足；有些用汉堡、薯条和炒蛋走美国快餐风；有些则以沙拉加意面、比萨主打意式。更多的是混搭风，从欧式、东南亚到融合菜再加甜品，还有更厉害的已然学习了老美新潮，不但牛排、鸡排俱全，还配上香槟与红酒买醉，尽享欢乐时光。其实，跟下午茶一样，没有人真的在乎吃什么，是不是花园洋房，是不是真心闺蜜，是不是够潮流，是不是有阳光，是不是性价比高，这些才是大家关心的。不过，要是可以在周末的阳光里吃到一份班尼迪克蛋，真的可以心满意足了。

## 何处吃

- **Notting Hill British Cuisine**

  上海武康路378号武康庭1楼105号

在走红的武康庭里属低调，但人们还是找到了这家英伦范儿十足的餐厅，早午餐的选择挺多，关键是满满一盘的招牌早餐还是全日供应，实在令人惊喜。价位在这个地段很有竞争力，想在阳光明媚的周末前来，记得在周一就预订。

打出“Shanghai's Best Brunch”旗号的**Madison**（乌鲁木齐南路甲1号2-3楼），一向受到推崇，然而因为装修而开的临时店铺却不够给力。

## 【早午餐之Why，What，Where】

### 为什么吃Brunch？

当然是为了懒人有懒福。不过，它在发明之初就是属于贵族的产物，懒散的周末，自由地吃饭，怎么能和平民一样赶早呢？Brunch是身份的象征，虽然现在已然普及民间，但必须有钱有闲，才能享受。不过，贵

（左上）上海旧法租界的早午餐。钱晓艳 摄 （右）蓝莓西式薄煎饼。GETTYIMAGES 提供

族们看到热门的Brunch餐厅10点就在排队的情形，会不会晕倒？

## Brunch都吃些啥？

任何风味的西餐都可能成为早午餐的主打。但既然是合体，早餐元素“蛋料理”必不可少。不同程度的煎蛋，鲜嫩的炒蛋，内藏乾坤的蛋卷，最典型的是班尼迪克蛋——由吐司/英式松饼+培根/火腿/三文鱼+蔬菜+水波蛋+荷兰汁，形美味佳，爱溏心蛋的人尤其不能错过。

## 魔都哪里吃Brunch？

你一定猜到了，要么旧法租界，要么星级酒店。崇洋未必是坏处，旧法租界条条路上几乎都有西餐厅，每扇门后边都有惊喜，花园洋房、露台阳光，怀旧气氛一流。大酒店里的Brunch出身名门，美食正统，或许还有香槟助兴，当然代价自然也更“贵族”，花销不菲。

# 山东

「食不厌精，脍不厌细」——孔子凝练出中华美食的「八字」，鲁菜也以用料考究、刀工精细而源远流长。遍览四大乃至八大菜系，又唯有鲁菜在北方。于是代表北方美味的重任，非山东莫属：由山及海，齐鲁的美食足够丰饶。

比起其他几大菜系，鲁菜的近况有些尴尬。提起山东饮食，标签似乎是生吃葱蒜、德州扒鸡以及油腻偏咸的菜。和川湘菜这样无论历史还是工艺都有些“速成”的菜系相比，鲁菜承载的文化过于沉重。厨师的两大鼻祖——伊尹和易牙（尽管相当残忍）都可以说是山东人，春秋《礼记》、北魏《齐民要术》记载了跨度千年的齐鲁烹饪，古老的儒家饮馔风采和宴席礼仪发源于此。同江南、岭南相比，山、海、原、河齐聚的山东也是物产富庶——考衡历史、地理两大因素，鲁菜的考究、精细顺理成章。

不得不提的还有明清两朝的“鲁菜进京”。京畿重道上的山东占尽地利，厨师入宫之风渐盛；鲁菜的地位稳步上升，最终稳居京城高端商务宴请的首席，鲁菜精品颇多的特点得到了强化。

论起对周边饮食的影响，鲁菜更是领衔全国。事实上，北方所有菜系多多少少都受到了鲁菜的影响。比如京菜就可以称为京鲁菜，大名鼎鼎的北京烤鸭其实也算是一道鲁菜。据说炒菜时只要用葱爆锅，就是受到了鲁菜的影响。

千年的积累永远不会凋零。最近，黄焖鸡米饭代表着鲁菜，横空出世、横扫全国。一道家常的菜品这么出彩，也许就是鲁菜涅槃的开始吧！

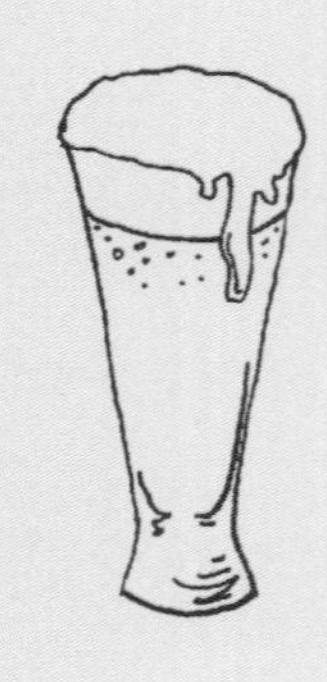

大葱。CFP 提供

# 九转大肠

【开启鲁菜美食之旅】

一道红烧大肠，能拥有如此考究的名字，正是鲁菜文化底蕴深厚的一个例证。“九转大肠”之名来自于食客的追捧，以道家的九转仙丹来为菜肴的精美点赞。

古汉语中表示最高级的“九”字用在此处，和这道菜肴的用心之精、技法之细正好契合。九，可以是把熟后的大肠套上九圈以立于盘中，可以是清洗、套肠、烹饪等九道工序，还可以是口感含有的酸甜苦辣咸等九个层次。享用此等美味，自然也要细细品味：用筷子叼起红彤彤的一卷大肠，送入口中，先体味嚼之即化的感觉，接着就是酸甜苦辣咸纷纷跃上舌尖。

九转大肠，就是鲁菜济南帮的代表菜之一。四到六头猪的大肠才能做出一道菜，下料狠、总共十多种佐料——济南菜讲究用料实惠、风格浓重浑厚的特点显现无遗。

除此之外，济南菜的汤菜也是十分有名，制汤历史之悠久超越了以煲汤闻名的广东菜。鲁菜的汤分为清汤和奶汤两种，其中最负盛名的是奶汤蒲菜。产自大明湖的蒲菜，汲取了泉城的水韵，再配上味厚而重的奶汤，可是许多济南人心中最有档次的宴席菜品之一。

爆炒同样是鲁菜的特色之一，只不过如今也被川菜夺走了名头。相传，宫保鸡丁就是当了山东巡抚又去做四川总督的丁宝桢，将鲁菜的爆鸡丁引入巴蜀大地，经过改良得来的。

当然，据说什么原料都可以用来做的拔丝菜，也是鲁菜为中国美食做出的另一大贡献。在外地的鲁菜馆可能只有吃到拔丝苹果、拔丝香蕉；在山东，拔丝鸡蛋、拔丝瘦肉……等你尝试。

## “高大上”的孔府菜

孔府菜是鲁菜中除了济南菜和胶东菜的另一大派系。泰山之阳的曲阜曾是鲁国领地，礼仪教化之风更甚。因此孔府菜的名头听起来很是风雅——诗礼银杏、阳关三叠、一品豆腐、带子上朝……卖相也很是精致，甚至有将《论语》的圣训雕刻在冬瓜上。服务员也很有“文化”，会头头是道地将菜名和儒家经典结合在一起。

如今，“曲阜三孔”景区附近的一溜饭店几乎都打着孔府菜的招牌，不要试图在这里货比三家，更不要轻信司机的推荐，否则你极有可能在吃完一顿貌似平常的“家宴”后，拿到一张令你咋舌的账单。

可以考虑前往**鲁城饭店**（曲阜市静轩中路与大同路交叉口东）吃一顿平民版的孔府菜，人均40元，味道还不错，摆盘就别计较了。

## 何处吃

### · 春江饭店

济南市中区共青团路56号

老济南人都知道的老字号鲁菜馆，招牌菜也是鲁菜最传统、最具代表性的九转大肠、糖醋鲤鱼、爆炒腰花，出品的口味和卖相都不错。虽说近年来也染上了老字号口碑下降的通病，但整体而言还是外地游人首次品尝鲁菜的上佳之选。

（左）孔府菜。CFP 提供
（右下）九转大肠。CFP 提供

山东 年 月 日

# 胶东海鲜

## 【第一时间的海之馈赠】

“天下名厨出福山”。鲁菜进京的主力军就是擅长烹制海鲜的福山帮，小小的福山（今属烟台市）也赢得了“鲁菜之乡”的专业认可。据说他们成功的秘密之一，就是一把干海肠粉。在味精尚未发明的年代，干海肠粉是天然的提鲜剂，让鲁菜厨师轻松领跑。

黄、渤二海交织于此，胶东半岛深入其中，优质的海陆条件带来了丰富的海鲜资源。胶东海鲜已是北派海鲜的绝对代表，传统的福山菜（烟台菜）和改良的青岛菜各领风骚。不过对于资深吃货而言，北派的烹制方法，比起广东等地的南派要粗糙得多，那么吃其新鲜，就更加重要。

在青岛，海鲜市场都是和啤酒屋（经营海鲜大排档）挨着。遛一圈海鲜市场，提几兜新鲜鱼虾，交给店主加工，桌旁候着即可。青岛人也讲究吃“清水海鲜”，做法就是南方所说的白灼，青岛统称为“原汁”或“清蒸”。比如清蒸蟹，最多用米醋、姜、葱提味；海水煮鱼，鱼用海水洗干净后，用海水文火慢炖，不加任何料；“虾蒸饭”，将大米放在瓦质的小碗里蒸六七成熟，然后在米饭表层铺满海虾，蒸到熟透——这些清水海鲜在崂山附近的渔村都能吃到。

海鲜还有一些特别的做法，比如青岛人偏爱鲅鱼和蛤蜊，有蒜薹鲅鱼、红烧鲅鱼、鲅鱼丸子、鲅鱼饺子、辣炒蛤蜊之类的名吃。当地人也很喜欢清炒蛤蜊，因为能保存蛤蜊天然的天香，去崂山户外徒步的人甚至会用山里的泉水煮蛤蜊，味道最鲜美。

## 何处吃

### · 营口路农贸市场

青岛市北区台东八路

青岛名气最大的海鲜市场，最热闹的地方不是市场里头，而是市场附近的街巷。每天下午4点过后，市场附近的台东八路、台东六路、昌平路、丹阳路等自发形成“马路市场”，全是卖海鲜的小摊贩。这些街巷里散布着百余家啤酒屋，提供新鲜散啤和海鲜加工。**眼镜啤酒屋**（台东二路14号，丰盛路与威海路交叉口）是其中的老字号之一。烟台的**荣祥海鲜**和威海的**东城路夜市**则是各自城市不错的选择。

（左）青岛渔民在船上整理渔获。CFP 提供

（右下）青岛的海鲜市场。CFP 提供

### 【 海钓 】

如果你在青岛、烟台、威海、荣成等地逗留一段时间，不如考虑加入当地的钓友组织，参加一次海钓活动。可以登录中国海钓网或山东钓鱼网寻找到相关信息。一般而言，初春和晚秋是海钓的最佳季节，尤其是11月后的很长一段时间，是钓梭鱼的最佳季节。鱼随大潮来，每逢农历初一、初二和十七、十八前后，是当月不错的日子。

# 煎饼卷大葱

【山东人舌尖上的故乡】

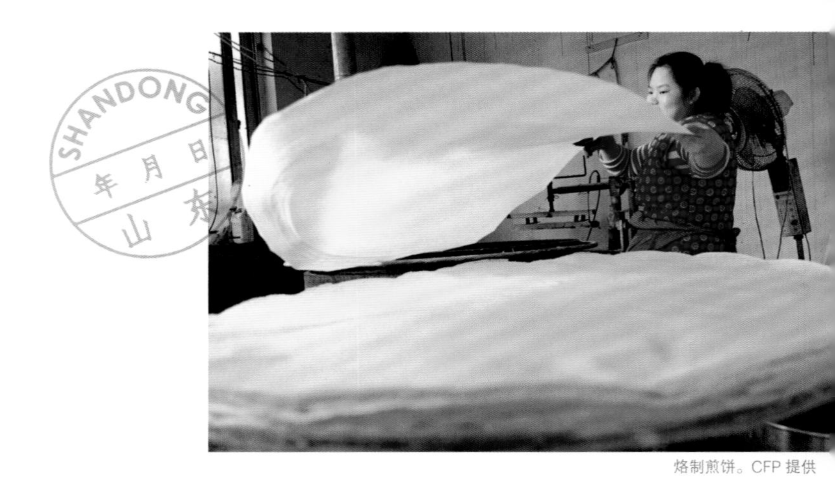


烙制煎饼。CFP 提供

想起山东大汉，总要自动“脑补”一幅捧着煎饼卷大葱狼吞虎咽的画面吧！如此直白、“粗糙”的小吃，和以中高端菜品为主的鲁菜同生于一省之中，大概就是儒家中庸包容的一个侧面反映吧。

“说山东，道山东，咱们山东产大葱”——郁郁葱葱的大葱很让山东人自豪，许多人喜欢生吃大葱（或大蒜），也许济南的公交车较早实行禁食令就与此有关呢。最好的大葱莫过于章丘大葱，远在北京的全聚德烤鸭使用的大葱即为章丘出产。历经严冬洗礼、开春破土而出的羊角葱更是葱界佳品，山东大汉提起它们可是饱含深情——外观上像甜嫩的姑娘，长长的葱白是标准的美腿，味道呢？就两个字：好吃！

最好吃的煎饼莫过于手工烙的玉米面煎饼，淡淡的粮食香味绕在舌尖，撕一片放到嘴里会有融化的感觉。煎饼卷上了大葱，还得蘸着大酱吃才最好。山东的酱食文化也很有底蕴，过去农家几乎每家每户动手做酱，家常鲁菜大多突出着葱香和酱香，更不用说“大葱蘸酱越吃越壮”了。

有人总结道：正是这煎饼的韧性、大葱的辣味和大酱的芳香，孕育了一代又一代山东人耿直仗义、豁达大度的性格特征。

## 何处吃

### · 煎饼卷大葱

济南历下区明湖路市立一院县东巷

顶着这道山东特色小吃名字的连锁店家，最让人回味的就是煎饼卷大葱。现摊的煎饼香软可口，配上青嫩的葱儿、够味的酱儿，恰到好处地刺激着味蕾。店里也有家常鲁菜，总体分量偏大、味道略咸，稍显逊色的服务可能不会提醒你适当点餐。这家分店离大明湖南门很近，可以考虑餐毕遛弯消食。

## 【《水浒传》的山东名吃】

描写山东好汉的这部古典名著，同样将北宋的市民饮食文化铺展眼前。

**景阳冈透瓶香** “三碗不过冈”，武松却饮此好酒后神威大振，赤手空拳打死吊睛白额猛虎。

**武大郎炊饼** 近似于馒头的蒸制面食，经过大郎夫妇的手反复揉搓，再用一扇扇笼子蒸熟。

**王婆茶坊** 梅汤、姜茶、宽煎叶儿茶、胡桃肉等应有尽有，大快朵颐之余尽享清滑爽口。

**枣糕** 今天也很常见的一种甜点。阳谷县城就有卖枣糕的徐三，和武大郎同是副食品业人员。

**牛肉** 好汉总要切几斤熟牛肉，就着酒吃。齐鲁酱制工艺发达，牛肉大概就是今天的酱牛肉。

**梁山泊的鱼** 阮氏兄弟就是渔民出身。靠水吃水的梁山好汉，自然也不会错过家门口的美味。

# 啤酒
## 【满城尽带酒花香】

SHANDONG 年 月 日 山东

新鲜的青岛鲜啤。CFP 提供

有山、有海、有洋房的青岛，已经是集万千宠爱在一身，而她竟然还拥有清澈醇香的国际金奖级别的啤酒，实在是受够了上天的眷顾。

和这座城市的历史一样，青岛啤酒的诞生也和德国殖民者息息相关。最早的青岛啤酒厂位于登州路，今天则是青啤一厂所在地。道教名山——崂山的矿泉水是青啤好喝的重要原因之一。直接产自崂山区的崂山啤酒也在本地拥有很多拥趸，如今虽然已被青啤收购，但也保留着自己的品牌。

生长在啤酒厂旁边的青岛人，喝啤酒的方式会让初到者感到奇怪：塑料袋里装满刚出厂的鲜啤，橙黄的汁液泛着白色的泡沫，人手一袋地提着，喝酒时就直接就着塑料袋，灌入口喉好不痛快。

的确，相比于瓶装、听装，只有青啤一厂的散啤（鲜啤）才是青岛人的最爱。未曾经过高温灭菌工序的鲜啤，活酵母等含量较高，因此散发出新鲜的酒花香气。每年4~10月，在青岛的营口路啤酒街上，鲜啤用近半米高的不锈钢桶盛装，每桶40升，温度保持在 0℃，十分冰凉爽口。每晚10点左右，啤酒街进入高潮：一家家草根啤酒屋都是人气爆棚，“酒彪子们”自由随意，有的还光着膀子。他们用酒牌换取一斤斤鲜啤，酣畅淋漓的同时，有凉菜、烤肉等作为下酒菜，还有从隔壁海鲜市场买来、交由店家加工的海鲜，吹着夜风好不痛快。而在每年夏天会有历时半个多月的青岛啤酒节，也是不容错过的全城狂欢节。

在青岛，啤酒已经是一种生活方式。

### 何处吃

### · 青岛啤酒博物馆

青岛市北区登州路56号青岛啤酒厂内

据说青啤一厂鲜啤的产量并不多，满大街贩卖的一厂鲜啤并不可信。这个全国首家的啤酒博物馆，可能是你品尝到正宗一厂鲜啤的唯一保障了。博物馆建在青岛啤酒一厂的老厂房里，展示有百余年历史的酿酒设备和全方位的酿酒过程，还有一个有趣的醉酒屋，为你模拟酒醉的感觉。50元门票包含一杯原浆啤酒和一袋啤酒豆，原浆啤酒的口感远超你在外面能买到的青啤。

### 【青岛的啤酒屋】

在青岛，喝啤酒和吃海鲜似乎总要结合在一起，尽管两者一起食用会有痛风的隐患。著名的**营口路农贸市场**即为如此。还有**南山农贸市场**，是市区最大的海鲜市场，新鲜海鲜和海产干货都很丰富，当地媒体曾报道过，这里有缺斤少两的不良商家，好在市场内有公平秤。附近有**南山啤酒屋**（市北区芙蓉路106号，近丰盛路）和**心萍啤酒屋**（市北区南京路132号），除了啤酒之外，前者的饺子很有名，后者则有不错的电烤腱子肉、油泼豆腐作为下酒菜。

西镇的**团岛农贸市场**为早市，海鲜最为实惠。距离市场约800米有老字号的**平平啤酒屋**（市南区西康路12号甲）。**二啤一条街大排档**（李沧区九水西路与莲花山路交叉口）位于青岛啤酒二厂对面，大排档菜和环境一般，啤酒很赞。

GETTYIMAGES 提供

# 中国海岸线

自中朝交界的鸭绿江口开始，到中越交界的北仑河边结束，中国大陆拥有一万八千公里的海岸线，加上海岛海岸线达到三万公里。虽然能达到「沙幼水清」水准的漂亮海滩只有海南之南的极小部分，但「食无畏」的勇敢中国人，还是在这略显粗糙的海岸创造了最丰富的海鲜烹饪，让人行之有味。

## | 丹东 |

鸭绿江入海口在丹东市区以南的东港。河海交汇处向来有特别之道，而鸭绿江口除了肉汁丰满的大黄蚬子，重头戏就是梭子蟹中的巨头丹东飞蟹。每年9月黄海开海后，飞蟹就要上市，不过，飞蟹越冷越肥，新年期间来食，才会满满当当全是蟹黄。所以你最好等到大雪纷飞的季节，找一间江畔餐厅，中朝两国的大螃蟹一起上，就着朝鲜雪景比比哪一只更美味。

## | 汕尾 |

汕尾是潮汕地区很容易被忽略的美食之地，但当地人对这里海鲜品质非常自信并自豪。这里有很多在别地吃不到的海鲜，譬如生活在养分丰富的浅海地区、外形像石头般粗糙的苦螺，味道微苦极鲜，盐焗后不蘸调料已非常有滋有味。而潮汕常见的生腌濑尿虾，汕尾却几乎不用蒜和辣椒，仅盐水和酒腌制，蘸醋吃已极鲜。记得去市区的二马路，这里白天云淡风轻无任何端倪，夜晚来临便成海鲜和小吃的世界，当天出海渔船所得的渔获纷纷登场。

## | 大连 |

距离大连两三个小时快艇行程的獐子岛是一个富足的渔业之岛，渔获丰盛到对建酒店招待客人都兴趣不大。你可以跟着渔船去打捞新鲜的海胆、海参和扇贝，然后马上生吃，求得那一口鲜，也可以晚上品尝獐子岛赫赫有名的鲍鱼。在大连附近的海岛吃海鲜，最后通常都会端上来一盆地瓜叶大棒鱼面条，鲜醇的鱼汤、清香的地瓜叶，配上滑润的手擀面，才是渔民的日常生活。

## | 台州 |

“靠海吃海”，台州府吃海鲜，从来都有时令差异。旧谚说“正月雪里梅，二月桃花鲻，三月鲳鱼熬蒜心，四月鳓鱼勿刨鳞”，春天的鲳鱼到现在也是台州人的最爱，滑溜溜，光闪闪。烧的时候配以当地绵软的沙埠年糕，鲜味全渗在原本洁白的年糕里。

更诗意的是东南海域滩涂上的特产“望潮”，这是一种同样有八腕的章鱼的近亲，潮涨时它爬出洞口张望挥腕，可怜却被人们俘去，烹成十二分鲜的清汤。

## | 湛江 |

旧名“广州湾”的湛江，有东方大港的抱负，名食名吃也多得不得了，海鲜就像睡觉起床一样平凡，唯有一个例外——沙虫。这个长有十余厘米的“虫子”看起来就像一根乱动的瘦香肠，让不熟悉的人会吓一跳。其实沙虫极鲜，白水一灼，不加配料已很美味，但湛江人仍是发明出十余种沙虫做法，最好的配料还是与韭黄同炒，黄白相间，再来点酒就更美。

## | 青岛 |

身为面食领地，青岛必须要贡献一些面与海鲜“联姻”的美味，鲅鱼饺子和墨鱼饺子就是其中的出色例子，再配上平民的辣炒蛤蜊和各色各样的生啤，青岛短暂的夏夜就会变得不凡和闪亮。如果你是特别执着的海鲜爱好者，不妨去赶一赶上马大集，上马镇向来是胶州湾海鲜的集散地，每逢农历初三、初八开市，拥挤的街道上充满了新鲜的海味和干货。

## | 霞浦 |

不提那些一年四季不同产出的滩涂海鲜，霞浦的海洋之味，是深深地浸在那些日常小吃当中的。霞浦鱼丸比名气更大的福州鱼丸还鲜甜。店家用新鲜捕捞的马鲛鱼手工做成皮，包以新鲜猪腿肉加现熬葱油制成的馅儿。煮熟了趁热轻轻咬下去，浓浓的鱼香和鲜甜滚热的肉汁混合在一起，是十足的渔家之鲜。鱼饺和鱼面也是有鲜无腥，是有良心的手艺。

## | 海口 |

海口最让人羡慕的海岸生活，其实在离市区三十公里的演丰镇上。这个红树林之乡的原住民，迄今每家每户还会天天出海打鱼，只不过打来的鱼都会送到自家的农家乐里。你可以跟着渔民坐渔船穿行在红树林中，回来满载渔获，坐在栈道旁的面海餐厅，大吃当天的海鲜，再配以农家的椰子、木瓜和青柠檬，会更羡慕当地人的生活。除了螃蟹、沙虫这些海产，当地人在红树林养的鸭子做成咸水鸭，也是美味自然。

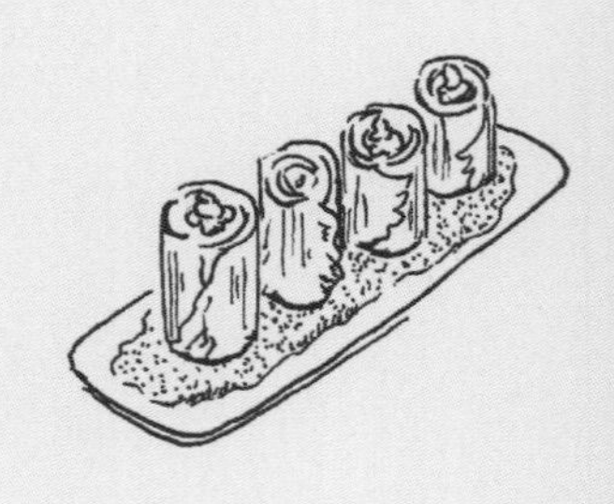

# 北京

这个全中国的超大客厅，天天流水席，南来北往客，融合出一种难以归类的北京风味。虽然在四大风味、八大菜系里没有京菜的座次，但属于老北京人自己的那一桌，细细品来，讲究在，架势足，老味道没有丢。

“美食江湖有北京菜这一流派吗？”很多人都在问。一桌北京菜，来的都是客。有国菜之尊的北京烤鸭其实有金陵血统，老北京涮羊肉带着蒙古骑兵的彪悍气质，深宅大院里的私房菜追捧着广东谭家菜的慢火功夫，街头巷尾的京城“三千碰头食”大多是回民制造，民间大小筵席则是山东厨子的主场。六朝古都政权更迭，各族杂居，游牧民族的粗粝、王公贵族的讲究和平民百姓的质朴烩成了京城美食的底色。

北京菜是贫瘠中开出的花朵。这里没有山珍海味傍身，一到冬天，华北平原朔风猎猎寸草不生，仅有土豆、大白菜、豆腐等能熬过寒冬。作为一个饥馑年代过来的北京人，谁家没有一手本领，在黄瓜白菜土豆间变换出十几种组合花样？谁不曾在昔日贫贱的牛杂猪下水中觅得一份肥甘轻暖的满足？

物产不丰势必浓墨重彩，方能抚慰肚肠。因此北京菜肉食盛行，酱香四溢，大葱当家。人们在规矩、人情、说道上下功夫，把一桌饭吃得江山如画。一个咸菜一个烧饼都透着讲究，一碗饺子一碗炸酱面都指向幸福，一只烤鸭里有六百年炉火的温度，一碗豆汁儿里蕴含酸甜咸苦的人生。所以在北京觅食，享受口舌之欲外，别忘耳目之“如是我闻”。细品每一道菜之外的前世今生吧，那里可能有一部厚厚的中国史。

头贩卖的糖葫芦。GETTYIMAGES 提供

# 北京烤鸭

【国际范儿，北京味儿】

在全聚德烤鸭店看大厨烤鸭子，如同一场美食江湖的功夫表演。炉膛里火烧得正旺，肥硕的鸭子一字排开，枣红色的鸭皮上滴下的油在火苗上吱吱作响。只见烤鸭师傅手拿挑杆，稳步向前，前手一扭，后手一拉，一只只带着果木香气的烤鸭悠出炉门。在食客眼前迅速片出108片，大小均匀，连皮带肉，裹进两片荷叶饼里，配上葱段甜面酱，这就是全球皆知的中华料理王，北京招牌菜。

北京烤鸭源于江南。苏皖一带的小饭馆用铁叉在砖灶上烤制的烧鸭子，是烤鸭的前身。明成祖迁都北京时，把金陵烧鸭传入北京，成为宫廷御膳。

北京烤鸭之美，在于当今世界最好的肉食鸭之一——北京鸭。这种用辽金元帝王游猎时偶获的纯白野鸭种培育而成的鸭子，因采用填喂方法、体态肥美而得名。

六朝古都，最不缺的就是老字号。明朝就开业的便宜坊，专注焖炉烤鸭六百年。1864年，在前门卖鸡鸭的河北人杨全仁从清宫御膳坊请来烤乳猪的孙师傅，采用明火挂炉烤法。从此，“一炉百年的火，铸成了全聚德”。

便宜坊，用秸秆将炉墙烤热，靠墙的热量把鸭子焖熟的焖炉烤制法，虽无芳香四溢的高调，但鸭肉保留了皮下脂肪，自有其内敛的醇美。全聚德的挂炉烤鸭鸭肉相对偏干，但鸭皮脆香令人叫绝，也正是靠这一核心竞争力奠定了霸主地位。西来顺的马连良鸭子，得着戏神兼食神马连良的指点，用鲁菜的香酥法，配以淮扬风味汤料。新近崛起的大董烤鸭、1949-全鸭季、鸭王烤鸭等，顺应现代人追求健康的潮流，或减少火烤的时间，或降低脂肪含量。从“酥又脆”到“酥不腻”，北京烤鸭在花样翻新的年代戏中演绎着经久不衰的北京味。

## 何处吃

### · 全聚德

北京前门大街30号

在全市三十多家分店中，位于前门的全聚德号称起源店，有着整条街最气派的门楼。步行街上的门脸是快餐，只提供烤鸭和凉菜，旁边朝东往里走才是正店，正店要收10%的服务费。人少可以点半只烤鸭。虽然本地人有时不太认可全聚德，但在这里吃烤鸭能让你知道“肚里冤（鸭）魂”的编号，也是一种独特的体验。想尝试一下新派烤鸭的可考虑**大董烤鸭**，名气较小味道却不逊色的**九花山烤鸭**是本地人比较认可的传统烤鸭。

## 【为了那一口酥脆】

鸭肉要嫩，荷叶饼要韧，酱料要香，但重中之重是鸭皮要脆。历代美食家吃北京烤鸭，吃出了许多酥脆之道。首先，得讲究季节。冬春鸭肉肥，秋天湿度好，都很适宜。最好不要在夏天，天气湿热，鸭肉膘薄，没有晾干的鸭子也少几分酥脆。

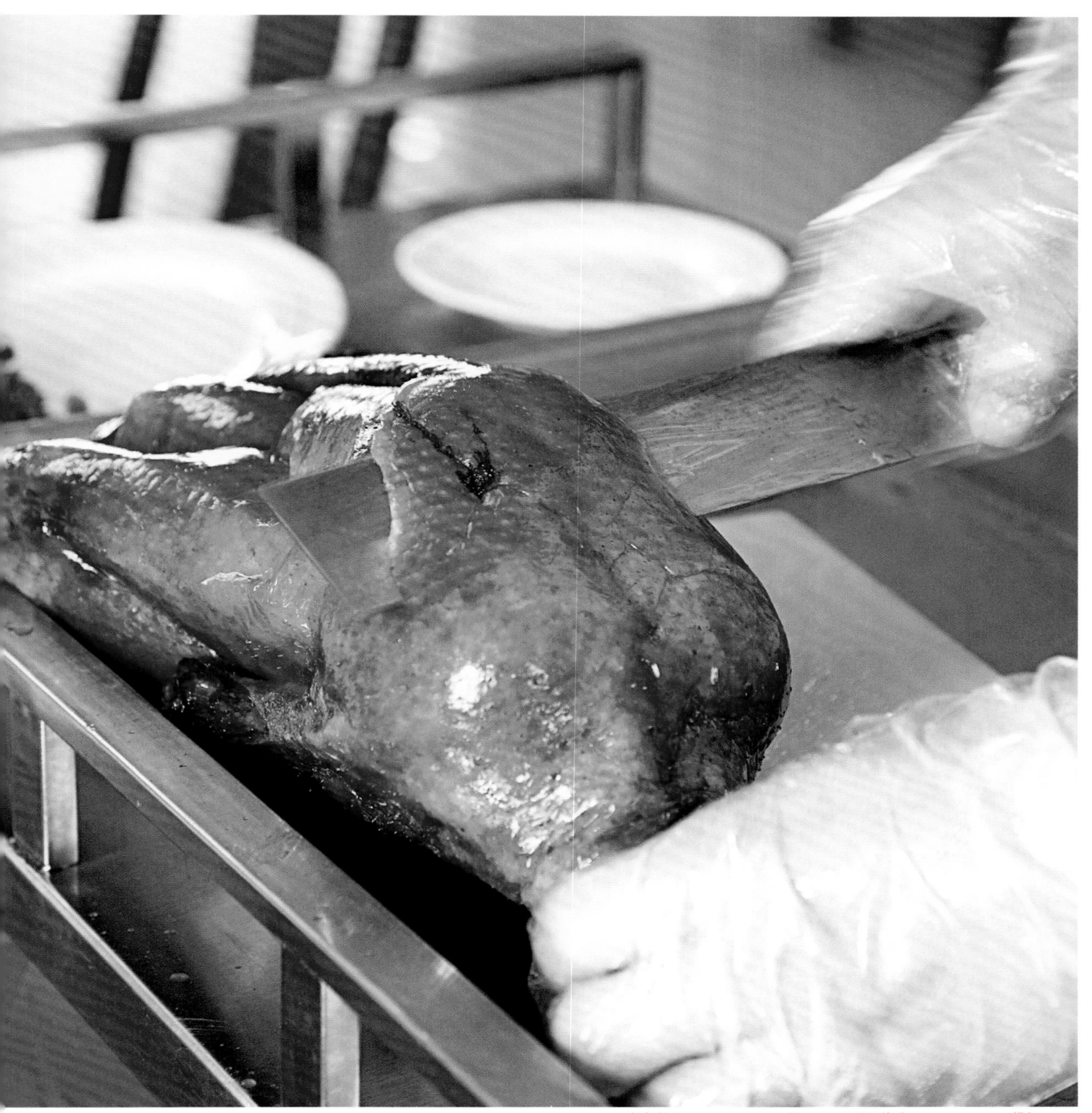

（左上）挂炉烤鸭。GETTYIMAGES 提供 （右）片制烤鸭。GETTYIMAGES 提供

烤鸭的烤制有着严格的工序。选用枣木等果木，燃尽不扬灰，还能烤出果香。鸭子宰好之后，要挂起来散水气后才能进烤炉，皮肉间还要吹进空气。烤制之前，外皮涂满麦芽糖浆，烤出的鸭子成色才佳。

配料也有讲究，现在普遍的吃法是抹上“六必居”的甜面酱，加上葱段黄瓜条。早年间流行蒜泥加酱油，带一丝辣意。还有一种吃法，据说是由深宫大院里的女眷兴起的，把酥脆的鸭皮蘸上细砂糖，口感极佳，也避免了葱蒜带来的口气不雅，不少梨园行的角儿为了保护嗓子，也喜欢这种吃法。

不过对于现在的食客来说，要吃上那一口酥脆，最要紧的是，鸭子上来别光顾着拍照，要趁热吃。

# 北京小吃

【京城三千碰头食】

老北京经营小吃的，大多为贫苦百姓。他们挑担推车沿街叫卖，人们逛庙会或沿街溜达时无意碰见，所以老北京小吃被称为“碰头食”。京城汉民、回民、宫廷御膳房三方高手，造就了“京城三千碰头食”。驴打滚、艾窝窝、开口笑、墩饽饽、糖耳朵、蛤蟆吐蜜、螺丝转……每一个形神兼备的呆萌名字后面都有一个充满俗世欢乐的美味传说。

满族先民以狩猎为生，早出晚归，爱吃黏食，扛饿。入关后，这些劳动美食晋升为宫廷御膳。沙琪玛本是满族供品，蜜三刀是乾隆下江南时带回的宫廷御点，“茯苓夹饼”是慈禧从香山老方丈那里寻来的滋补秘方，门钉肉饼因形似宫廷红门上的门钉而得名。而喝豆汁儿时配的焦圈，竟也是清宫御膳房传出来的食品。

也有很多民间小吃成功地逆袭宫廷，身价倍增。用绿豆粉丝下脚料做成的豆汁儿，因名声太大登上了乾隆的餐桌。静心斋里歇凉的慈禧，被宫墙外一声叫卖吸引，晶莹甜润的芸豆卷、豌豆黄就这样进入了御膳房。而慈禧对跑路途中吃的那一口窝头念念不忘，经过御膳房的粗粮细做，成为地道的宫廷小吃。

现在，沿街叫卖声已经消失，北京小吃藏身何处？回民聚居的牛街是北京人热捧的小吃圣地。不过，更好的选择是吃一样换一个地方。比如丰年的灌肠、护国寺的面茶、仿膳饭庄的豌豆黄儿、南来顺的糖卷果……过去，北京小吃都是一家一户专卖，公私合营后才出现了综合小吃店，当代商业地产热潮更催生了所谓小吃一条街。但真正地道的小吃，无不是世代琢磨，历经时代检验。小吃大爱，自在人心。

## 何处吃

### · 护国寺小吃

北京西城区护国寺大街93号

很多个儿大经吃、一个就饱的“碰头食”经过改良，已经变得精巧而大众，能被五湖四海的口味接受。黏食烙食蒸食一应俱全，还有十元钱的炒菜凉面套餐。虽然没有惊艳之作，但至少能保证每一样都不过不失，热气腾腾的店堂还能让你找到三十年前国营老店的感觉。除了护国寺小吃这种综合小吃店之外，北京也有不少独沽一味的小吃店，比如**丰年灌肠**（隆福广场前街1号）也很值得尝试。

## 【下水上品】

一方水土养一方人，北京不少闻名遐迩的名小吃，出身就是个“穷吃”。取材动物内脏，也就是俗称的“下水”，味香，解馋，最重要的是便宜。经过历代琢磨，廉价食材衍生出了最具老北京风味的小吃上品。

老北京有句骂人的俏皮话，“你怎么跟

（左上）老北京卤煮。GETTYIMAGES 提供 （右）饭桌上的灌肠和烧麦等北京小吃。GETTYIMAGES 提供

炒肝儿似的”，那是在说你没心没肺呢。炒肝儿其实以猪肥肠为主，猪肝只占1/3。喝的时候，单手托碗，一边转一边顺着碗沿吸溜着喝，你要动了勺，那就露怯了。

卤煮火烧也是尽人皆知的老北京小吃。火烧、小肠、肺头、猪心、猪肝……，各类质地不一、口感各异的食材“欢聚一堂”，浇上鲜香扑鼻的卤汤，一碗下肚，主食、副食和热汤全有了。最具代表性的小肠陈，那口神秘的卤汤锅，已经传到第五代，翻滚了一百多年。

爆肚也是下水中的翘楚。北京人讲究“要吃秋，有爆肚”，又脆又鲜，不油不腻，据说还可治胃病。爆肚来源于牛羊肚子里的13个部位，每个部位的切法和爆的时长都不同，正是这种一丝不苟的手艺才成就了百年不衰的味道。正如爆肚世家金生隆的传人冯金生说的：“咱家没出息。三代人，一百多年，就琢磨出来一副肚子和一碗佐料。”

年 月 日
北京

# 涮羊肉

## 寒冬在屋外，温暖在锅里

铜锅里沸水翻滚，关外草原来的羊肉排兵布阵，一炉红亮炭火映照出冬日和煦，一桌子好友手握筷子蓄势待发。北京的冬天飘着白雪，怎能没有这样一次热腾腾的涮锅子？

“鲜”在南方为鱼，在北方为羊。虽说火锅在中国大地已存活了五千年，但老北京涮锅依然有自己的样式。铜锅便于加热，炭火不生异味。汤底只用白水煮姜，不淹没羊肉鲜味。而七八种作料调出的一小碗芝麻酱，又让你的味蕾开出繁复的花朵。千万别把羊肉一股脑儿倒进锅，容易粘在滚烫的烟囱壁上变成“炮烙”。涮到最后锅底不起白沫，才算讲究人儿。

涮肉用的铜锅，盖上像蒙古包，打开就是一顶骑兵帽。传说忽必烈发明了这种简便易熟的烹制方法。满蒙入主中原后，涮羊肉一直是皇室独享的宫廷御膳，直到乾隆年间，在慰问“离退休老干部”的“千叟宴”上亮相，涮羊肉才通过一千个老头儿的赞不绝口传入民间。

北京的涮羊肉餐馆大多由善于拾掇牛羊肉的回民主理，宰羊宰牛时据说还要有阿訇念经。以后脖梗子上的羊上脑为最佳，臀尖次之，被称为磨裆的后腿肉膻味最轻，几乎可以生吃。开锅后先下半肥半瘦的“半边云”或近乎全肥的羊尾巴油，可以润锅。地道的老北京涮羊肉，都是手切的鲜羊肉，放在盘里就像某冰激凌一样倒盘不洒，夸张些的，连盘带肉可以玩飞碟游戏。而现在不少餐馆使用机器切冻肉，无视肉的肌理，破坏了原本的口感。以至于那些还能吃到手切鲜羊肉的老馆子门口，食客们会为一口正宗老味道不惜排上两三个钟头的长队。

## 何处吃

### · 聚宝源

北京牛街5-2号清真超市旁

走到牛街路口，看见门外排着三条长龙的，肯定没错。手切羊肉几乎每桌必点，独家高钙羊肉连筋带骨很有嚼头，牛百叶、牛骨髓和肉丸子人气也很高，芝麻烧饼更是火得要限购。早上九点半开门时去拿号，能赶上中午头一拨。位于雍和宫附近的**南门涮肉（河边店）**排队的人相对没那么多，羊肉质量同样很高。

（左）北京东来顺的涮羊肉。王丽华 摄

（右下）刀工精致的肉片。王丽华 摄

## 【羊肉和它的朋友们】

老北京涮羊肉从来不是独角戏，炭火铜锅清汤，羊肉、小料、配菜。主次分明，出场有序。

### 绝对主角

老北京偏清淡的铜锅涮羊肉挺过了川味火锅、广式边炉的夹击，靠的是吃青草喝泉水的口外肥羊，羊脂甘腴，肉质鲜嫩，不用白水涮还真对不起它。要吃到羊肉的鲜嫩，切工也很关键，切出的肉片薄如纸、匀如晶，老北京不无夸张地说："透过它，能看报纸。"

### 七样调料

说吃涮羊肉吃的是佐料也不为过。传统调料"老七样"：六必居芝麻酱、王致和腐乳、山西清徐的醋、现炸辣椒油，还有酱油、鱼露、腌韭菜花。有的增味，有的调色，有的去膻。最好是用香油和的生酱，越吃越稠。

### 三大配菜

冻豆腐、粉丝、大白菜，都是过去北京冬日易得的美食，去燥吸油，且不抢肉味。另外，糖蒜是去腻佳偶，芝麻烧饼是饱肚良方，最后来点山楂果冻作为甜点。有了这些黄金配角，一顿有荤有素的大餐方可称圆满。

其实，涮羊肉最佳的伴侣还有雪花和一堆能互相挤兑把酒言欢的好友。寒冬在门外，温暖在锅里。

年 月 日
北 京

# 宫廷菜【看上去很美】

美食美器，锦衣玉食，宫廷菜好比美食江湖的独门密器，多数人听过，少数人见过。视滋补为生命，更视排场为灵魂，至于口味和胃口，谁会奔着果腹解馋，去吃一回昂贵的宫廷菜呢？

北京流传下来的宫廷菜基本是在清宫寿膳房的基础上发展起来的，以鲁菜、淮扬菜和满族的传统膳食为主，既有凤尾鱼翅、金蟾玉鲍、一品官燕、油攒大虾、宫门献鱼、溜鸡脯等各地搜集的山珍海味，也有“万寿无疆席”、“福禄寿禧席”、“江山万代席”这样讨口彩的吉祥菜。能让满汉官员在一张桌子吃饭的“满汉全席”，南菜54道和北菜54道，也只有在这样的馆子里能一觅踪迹。至于豌豆黄、芸豆卷、小窝头、肉末烧饼这些皇室民间通吃的点心，在这样的馆子里出现，卖相和身价都变得“高大上”了。

“昔日皇宫帝王宴，今日寻常百姓家”。大清国覆灭了，但宫里的厨子们倒有了自己的活路。最早是1925年，几个御膳房的厨工在北海公园开设茶社，经营清宫糕点小吃及风味菜肴，成为北海“仿膳”的前身。如今，这种仿膳餐厅不是开在北海公园、颐和园这样的皇家园林，就是在恭亲王府这样王公贵族的宅邸，最不济也是皇家冰窖、格格宅邸。雕梁画栋，宫灯高挂，脚踏花盆底、身着满清装的服务员，穿越出皇家气派，价钱自然也不菲，至于味道正不正，只有皇上说得清。但遇上讲场面或有外宾的宴请，宫廷菜还是很多人的首选。

## 【帝王的餐桌】

六朝古都北京，许多老字号的发家都有一段和清宫的神秘渊源。都一处烧麦馆有乾隆吃夜宵后赐名的牌匾，壹条龙羊肉馆还保留着光绪皇帝用过的铜锅。作为吃货宗师的慈禧，更是让小窝头、豌豆黄、圆梦烧饼、门钉肉饼、芸豆卷、炒肝、它似蜜等一干平民美食，“朝为田舍郎，暮登天子堂”。

“治天下，食天下”的尊贵，有时就体现在当权者面前的一张饭桌上。明清皇室中，排场登峰造极的要属慈禧。这位吃饭的寿膳房有八个院落，各种珍馐摆满三四张大桌。赶上御宴，那排场就更大了。满汉全席，分三天吃完。山珍海味无所不包。扒、炸、炒、熘、烧样样兼备，难怪孙中山先生曾说：我中国近代文明进化，事事皆落人之后，唯饮食一道之进步，至今尚为文明各国所不及。

现代国家领导者大多走亲民路线，饮食是最好的桥梁。加拿大总理哈珀夫妇光临北京“一碗居”老北京炸酱面餐厅；美国副总统拜登访华花二十元钱吃了一份姚记炒肝；习近平在月坛附近的庆丰包子铺里吃了一顿21元的午餐，更使得这家并不算太出色的包子铺股价一度涨停。

## 何处吃

### · 那家小馆

北京植物园路口向南100米路西

改良的宫廷菜口味和价位都适中，不少人合家游玩香山植物园后在此一聚。据说主人是八旗子弟后裔，贵宾楼大厨出身，老宅花房的格局，环境、就餐气氛典雅而轻松。节假日时需要等位，牌匾上“何事惊慌”四个字和干果茶水伺候倒也能平息几分焦躁。要是荷包宽裕，**厉家菜（德胜门总店）**的套餐最高可达2000元人民币以上一位，配上“末代皇族”溥杰的题字，真心是宫廷享受了。

（左）慈禧喜爱的小窝头和艾窝窝。GETTYIMAGES 提供 （右下）北京金糕。GETTYIMAGES 提供

# 老北京家常菜

## 【寻常风土，花样滋味】

北京寻常人家的家宴。GETTYIMAGES 提供

北京四季分明，有限的食材中滋生出无限智慧。春天，柳绿花红时，枯守一冬的饭桌开始有了颜色。香椿树往外滋芽时，采下嫩芽炒鸡蛋，是一道过时不候的美味。等到立春，一张薄如宣纸的面饼，卷上豆芽韭菜炒出的合菜，一口下去，满嘴春天的鲜嫩多汁，是为“咬春”。

夏季，黄瓜、茄子、扁豆各类果蔬轮番上桌。老舍先生说：在最热的时节，也是北平人口福最深的时节。头伏饺子二伏面，三伏烙饼摊鸡蛋。夏季正值小麦收割，新小麦粉做的面食既能尝鲜儿，也是方便的劳动者美食。一碗炸酱面，就一根顶花带刺的黄瓜，淋漓地出一身大汗，那叫一个舒坦。

秋风起，天气凉，晚秋的大白菜最是鲜美，振奋人心的进补也拉开了序幕。草原民族带来的食肉习俗，回族同胞高超的庖厨功夫，使得北京盛行各种肉食吃法：涮羊肉、砂锅白肉、炙子烤肉……漫长而寒冷的冬天，只有“土肥圆”的幸福感能够抵挡。

而就在十几年前的冬天，肉食还是稀罕物。人们只能使出浑身解数，在大白菜、萝卜、土豆之间做各种排列组合。老北京年夜饭里的头牌凉菜芥末墩儿，就是用大白菜腌制而成，蘸上芥末，酸甜脆爽有一种辣乎乎的冲味儿。旧时北京有个小报介绍此菜，说“上能启文雅之士美兴，下能济苦穷人民困危”。北京家常菜，没有花样，只有年华。最深入人心的北京味道，在四季轮回的自然中，在万家灯火的餐桌上。

### 何处吃

#### · 四季民福烤鸭家常菜

北京灯市口西街32号东华饭店1楼

紧邻王府井大街的一家惠而不费的老字号餐馆。除了可以吃到入口即化的烤鸭外，还有羊油炒麻豆腐、贝勒烤肉、宫保鸡丁、酸萝卜鲈鱼等传统菜式及各类小吃。环境古朴而不失体面，口味地道、价钱公道，是老北京家常菜馆恪守的经营之道。老北京家常菜馆不一定都是正襟危坐的老字号，也可以去靠近紫竹院南路的**成加帮**（车公庄西路21号）尝一尝更有包容性的新派北京菜。

### 【炸酱面当家】

一碗炸酱面有荤有素，有菜有粮，算是北京家常美食的代表。一碗工序简单的面能笼络了全北京人的胃，秘密就藏在北京孩子念的那句儿歌里：炸酱面虽只一小碗儿，七碟八碗是面码儿。

酱的秘诀是慢工出细活。大豆酿的黄酱醇香，白面粉酿的甜面酱鲜甜，五花三层切成肉丁，小火炸制一个多小时。至于肉丁用肥肉还是五花肉，干黄酱里加不加水和甜面酱，各家各户分出了各种门派。

丰富的面码也是一碗炸酱面的衡量标准。早春时切一点细细的鲜香椿沫撒在碗里，或焯几棵绿油油的菠菜。夏天，小萝卜是最好的时令菜，三伏天里最经典的菜码当然是顶花带刺的黄瓜。秋天是收获的季节，菜码的品种也最丰富，水萝卜、胡萝卜切成丝，芹菜焯了切成丁儿，还有煮熟的鲜毛豆都是很好的菜码。寒冬腊月，大白菜头切成丝做面码，浇上一勺腊八醋，就上两颗腊八蒜，有人说：那个感觉就叫家。

你若打听上哪儿能吃着正宗炸酱面，北京人会很为难。因为他们心中的最佳，就是在自己家里吃的那碗炸酱面。

# 八方美食驻京办

## 【漂泊者的乡愁厨房】

冬日的簋街。GETTYIMAGES 提供

在北京，南来北往的漂泊客们在八方美味中兜兜转转，一直要寻觅到自己熟悉的滋味，才算得到了真正的安顿。他们的美食根据地，就隐匿在那些充满乡音乡味的驻京办里。

飞机空运来的本土食材、当地厨子和“招待自家人”的实在价格，是驻京办美食笼络人心的法宝。在宁夏大厦品尝喝天然水、吃中草药长大的滩羊肉，简单几个菜就可宴请亲朋好友。江苏饭店的菜量没有了南方的小碟小碗，但鱼还是家乡特色的做法，马兰头、芦蒿、水芹菜依然小清新。大名鼎鼎的新疆驻京办，“打飞的”过来的牛羊肉和水果让当地人与三千公里外的家乡无时差。从二环到三环，三湘大厦、赣人之家、湖北大厦，长江一带的各省辣味和而不同，只听得食客一边辣得“咝咝哈哈”，一边喊“服务员再来一碗米饭”。

对于外地人来说，去外省驻京办吃饭，相当于一次以舌头为工具的超时空旅行。青海驻京办有一道奇怪的菜叫羊肉盖被：羊肉锅上盖一块名为“狗浇尿”的饼，因烙时要在锅四周反复浇清油而得名。西藏驻京办深藏在二环路旁一座肃穆的深红大院里，这可是有“小故宫”之称的全国重点文物保护单位关岳庙，秒杀各种风格过气的驻京办大楼。

有些爱吃驻京办的人往往口味刁钻，讲究正不如偏，喜欢去名不见经传的市县一级驻京办觅食。陕西铜川办事处的凉皮，湖南湘西驻京办的“土匪”菜，大理驻京办“蝴蝶泉”的正宗酸木瓜炖鲫鱼等，都是这个水泥丛林里一份独特的乡野滋味。

### 何处吃

**· 川京办餐厅**

北京建国门内大街贡院西街头条5号

北京最不缺的就是川菜馆，而川办餐厅依然独领风骚，凭的是正宗的川味和高性价比。口水鸡、毛血旺、夫妻肺片、水煮鱼既做出了巴蜀味道，其麻辣程度又不至于对不嗜辣的人构成致命诱惑。虽说就餐环境要打些折扣，但借用梅兰芳先生当年在某川菜馆撂下的一句话：“我又不吃桌子椅子腿儿。”

## 【簋街：一街东西，通吃南北】

在北京要遍尝各地风味，不必在拥挤的车流中东奔西走，簋街能为你提供一个通吃南北的口腹天堂。这条东起东直门立交桥、西到交道口东大街东端的街道，长不过1.5公里，开了不下150家大小饭馆。推陈出新的京派鲁菜，北方化的四川菜，原汁原味的清真菜，酸爽开胃的云贵菜，想吃什么随便挑。胡大饭馆的麻辣小龙虾火爆多年，花家怡园的八爷烤鸭口味独特。宽板凳老灶火锅的重庆火锅，巴适；鑫舟山大酒楼的杭帮菜品，地道。走到中途，北新桥一拐弯儿，就是地道老北京口味的北新桥卤煮。八方口味，不怕不称心，就怕挑花眼。

相传在清朝，东直门往东还是一片坟场。往城内运木材，往城外送死人，都经过此门。城门内形成了最初的早市，摊贩们以煤油灯照明，远远望去灯光朦胧，再之周围遍布着棺材铺和杠房，让人毛骨悚然，所以此地得名“鬼市”。不知为什么，这里做别的生意永远不火，只有开饭馆的生意兴隆，后来渐渐形成了灯火通明的24小时餐饮街。由于“鬼”字不讨彩头，于是人们找到同音的“簋”来代替。“簋”是商朝至东周时期的煮饭器皿，用来命名这条美食街再合适不过了。

# 天津

这座依山傍海的城市，四通八达、广纳博收，若是盘点餐桌，但见从头到脚都写着两个字：融合。到塘沽就吃海鲜，品西餐；在河东、河北则饱食家常菜；河西、和平与南开是小吃的天下——在天津，每个区都有自己的美味佳肴。

说起天津的吃，或许很多人都只能想起十八街麻花、“狗不理”包子，到了还得摇摇头，叹一句“也没那么好”。其实天津的美食远不是那么简单，若是一一数来，少不得要踏勘地理、回望历史。

自从明成祖朱棣朱笔一挥八个大字“筑城浚池，赐名天津”，天津卫就此成城。在这位皇帝从侄儿手里夺下帝位之前，跟着他戍守北方的多有苏皖兵士，徽菜自然随之流入。待到漕运兴盛，繁忙的码头立刻成就了丰富多样的小吃。清真寺兴于明清，便有了清真菜与汉民菜分庭抗礼。佛门弟子素食者渐多，素菜馆们便于清中叶肇始。待到八国联军踏足，九国租界一开，西餐遂顺势东进，起士林老店一直开到今天。

再看看地图，这个史称“九河下梢”的城市东临渤海湾，五大支流汇入海河，与京杭大运河胜利会师，穿城而入海。虽然外地人吃海鲜时未必想得起这座中国北方最大的沿海开放城市，但天津人却自有句老话，曰“吃鱼吃虾，天津为家”，这里鱼虾蟹贝样样不少，四五月间最是好时候。加之天津拱卫京城，隔海相望山东，京、鲁两系菜肴也就在这里渐渐融合，进而自成一体。

口舌两用，一为说、一为吃。到了能说会吃的“卫嘴子”的地盘，剥剥栗子、吃吃“糖堆儿”、品品土菜洋餐，再听上一段相声，正是优哉游哉之乐啊。

会上，享受糖画的孩童。CFP 提供

# 煎饼馃子

【卫嘴子的早间乐】

天津煎饼馃子。CFP 提供

每个人的乡愁大抵总免不了牵扯着一道菜、一种味道，对于天津人来说，早点摊上的煎饼馃子或许就是牵绊最深的味道。

所谓“馃子”，原本是指一切油炸面食，在这里却是专指“棒槌馃子”，也就是油条。天津煎饼馃子与山东的煎饼卷大葱、杂粮煎饼都不一样。郭德纲曾这样形容它：“黄豆面、绿豆面、棒子面、白面一起，用清水煮羊骨头汤来和。现炸油条裹着吃，小料、羊肉末儿等可多至十几样……口口香脆。”羊肉汤的鲜、绿豆的清香、滋着油花儿的现炸馃子的热香，就这样在一份简单的早餐里呈现。至于脆不脆，这就得另当别论。馃子的脆实在有限，倒是把它换成“馃篦儿”（薄脆、脆饼）的话，就真的是一咬咔嚓响了。想要享受本地人的待遇吗？那就拿出天津街坊的做派来，自己带上俩鸡蛋，大声说：“老板，一套，单馃子双蛋！”

除此以外，“嘎巴菜”和气吞山河的“大饼夹一切”也是别无分号的天津味儿。简单来说，前者基本就是碎煎饼浇卤汁，传统上是用素卤，至于肉汤鸡蛋之类的“荤卤”都算是新生代。而后者，顾名思义，就是想吃什么就能往大饼里卷什么，不拘一格。我们推荐大饼卷圈，绿豆芽、香菜、豆干、红白粉皮做馅的油炸卷圈香酥而又素净清爽，夹在热腾腾的大饼里一起吃，何不试试？

## 何处吃

### · 杨姐煎饼

天津和平区襄阳道3号

和任何一个城市的早点摊一样，只要有足够的时间与耐心，你大可以起早去寻访街巷里的“老字号”。这家被誉为“天津最好吃的煎饼馃子”，早上人很多，好在杨姐手脚麻利。菜单罗列清晰，若是拿不定主意，就问问一起排队的本地人吧。想尝试大饼卷圈就去**荣真斋小吃**（西湖道南丰里16号楼底），清爽干净的清真小店需要你赶早去，晚了随时可能沽清，肉食动物不妨考虑一下鸭丝卷。

## 【煎饼馃子的前世今生】

天津美食大多有来头，煎饼馃子亦如是。传说这道小吃是清末时一位山东刀客带来的，他在流亡到杭州时偶然想念家乡的煎饼，却只能因地制宜裹了根油炸桧（油条，取“油炸秦桧”意），不想竟也十分好吃。且不论传说真假，天津煎饼馃子、山东煎饼和杭州葱包桧俨然就是一个家族的成员。

煎饼是山东，尤其是沂蒙山区的传统家常主食，主要原材料是地瓜面、玉米面或其他杂粮粉，烙好的煎饼像纸一样折起来，晾干后可久存，居家出行两相宜。过去，当地女孩子如果没有一手烙煎饼的好手艺，那可不好找婆家。现在到山东还能见到成叠出售的煎饼。

葱包桧则是用白面春饼做皮，裹上长长的葱段和油条而成。当然，打个鸡蛋更好吃。

然而，在天津人眼里，不管是白面还是杂粮面都抵不上清香的绿豆面，即便纯豆面摊饼难度太高不得不加些白面，绿豆面至少也得占50%以上；清水和面更不如羊汤；蔬菜仍旧只认葱，却只用切细的葱花，如果看到香菜、生菜、火腿肠，天津人一定冷笑一声，嗤之以鼻。

# 贴饽饽熬小鱼

【小食材，大味道】

天津是退海之地，鱼虾颇丰。所谓“当当吃海货，不算不会过”，又或者“借钱吃海货”，为吃个海味，当了家当、到处借钱也都还算不得败家，这份热忱大概也是别无分号了。

大鱼大吃，醋焖、家熬、罾蹦任君挑选；小鱼有小招，“贴饽饽熬小鱼”满溢着河岸柴草的气息。最地道的贴饽饽熬小鱼是在砖灶上架起大铁锅，下面烧上柴火；玉米黄豆面和好拍成长圆饼子，等到锅热了就沿内壁贴上一圈，饼子下面就是咕嘟咕嘟冒着泡的熬小鱼。锅底柴火先旺再收，慢火煨到汁稠鱼骨软，饽饽也正好底焦面软、色泽金黄，这才连鱼带饼整锅一起出菜。吃这大锅大灶的大份美味可别太斯文，直接上手吧！掰开热乎乎的饽饽，蘸上酱色的鱼汤，就着细嫩鲜甜的鱼肉，真是过瘾极了。

现如今的贴饽饽熬小鱼，常常会将“死面卷子”和玉米饽饽花插着贴锅，一锅可以吃到两种口味。前者又叫“粘卷子”，做法类似千层饼，白面和好擀薄，抹油、撒盐、卷好切小段再压扁，较之传统的玉米饽饽，口感更细而香气略逊。

距离天津百余公里的蓟县古名渔阳，所谓“渔阳鼙鼓动地来，惊破霓裳羽衣曲”，逼得美人杨玉环殒命马嵬坡的安史之乱就发端于此。如果你计划到蓟县访古探幽，那恭喜你，有口福了，一定能找到更原汁原味的贴饽饽熬小鱼。

熬小鱼。CFP 提供

## 何处吃

### · 永和鳌鱼馆

天津河北区昆纬路149号

在市内要找现贴饽饽的铁锅熬鱼并不容易。这家天津菜小馆的当家招牌菜“杂鱼一锅出”名气不小，却也是装在大钵里上桌的，可选海鱼或淡水鱼。鱼菜大都不错，但不推荐其他海鲜。环境很一般，一楼是散座，楼上有包房。

## 【小鱼饽饽几锅出】

### 小鱼都是什么鱼

早年间的贴饽饽熬小鱼，熬的是麦穗鱼、蒿根鱼、船家出海归来后卖剩下的小杂鱼，现在则以小鲫鱼为多，杂鱼、海鱼较少。但不管什么鱼，个头一定要小，一定得新鲜，每一条都剖洗干净，先煎再熬，方能不苦不腥、滋味鲜甜。

### 饽饽的“三光”原则

传说乾隆皇帝微服私访时曾吃过这道菜，还因饽饽上农家姑娘的纤纤手印而给它赐了个“佛手糕干眼鱼”的美名，这多半是后人的附会吧。要知道，作为一个能干的北方姑娘，若和面时不能做到“盆光、手光、面光”，反而在面团上留下手印，那可真是太失败了。

### 一锅出还是两锅出

这里的“一锅出”是动词，指主食和菜在一个锅里同时烹制。不是东北的乱炖加贴饼子——虽然两者怎么看都至少是个姑表兄弟的关系。

通常芦台等地的农家讲究“一锅出”，现成的土灶大锅、高粱秆子锅盖，熬鱼烤饽饽一起做最省事，出锅后鱼肉染了玉米香，饽饽透着鱼鲜味，别有滋味。城市里却以饼、鱼分制的“两锅出”更实际，甚至有店家干脆把饽饽另外装盘变成“两盘出”的。其实只要口味好，管它怎么“出”呢！

# 湖南

对湘菜进行一番想象的话，完全可幻化成一幅图景。湘菜，拥有鲜亮外表——红椒、青椒，湖鲜、河鲜的奶白，菌菇的嫩黄；热烈内里——辣味的猛烈，腊味的油香，野味山珍的鲜美，臭豆腐闻来臭、吃来香的靠谱。

如果不首先摸清湖南的地理脉络，可能会先入为主，片面地将湘菜设定为剁椒鱼头、辣椒炒肉、臭豆腐、麻辣小龙虾。其实打开一张湖南地图，上面彩色线块有分明的指示，不难分辨出“三湘四水”。“三湘”源于湖南母亲河——湘江在上段与永州的“潇水”相汇，中段与衡阳的“蒸水”相汇，最终与湘西的“沅水”汇集于洞庭大湖，分称“潇湘”、“蒸湘”和“沅湘”。“四水”则指湘江、资江、沅江和澧水。湖湘大地就由着这些湖泽水系贯穿牵系着，各大城镇无不临水而建，长株潭、衡阳、岳阳、常德、怀化……

如果怀着山河表里的情怀，去寻觅舌尖上的湘菜，可走两条线——东线的都市菜肴和湖鲜，西线的山珍野味。按照旅行者惯常行走轨迹，从中心城市深入边缘小镇，首先遭遇到的是湘江所流经的长沙衡阳城所擅长的快熘小炒、湘东小城浏阳的菜，东洞庭岳阳的湖鲜、西洞庭常德的钵菜、大湘西地区的腊味及干锅。如果你在时间内要吃得全面，省会长沙是再适合过之地，各地美食都汇集于此，各自占据码头。

但无论你在湖湘之地走到哪里，都避开辣。你信不信，辣是可以上瘾的，吃着吃对上味，会接连不断地吃，欲罢不能，可一吃到大汗淋漓、头顶升腾一股氤氲白雾。时，人感到毛孔舒张，血脉流畅，通体安泰。

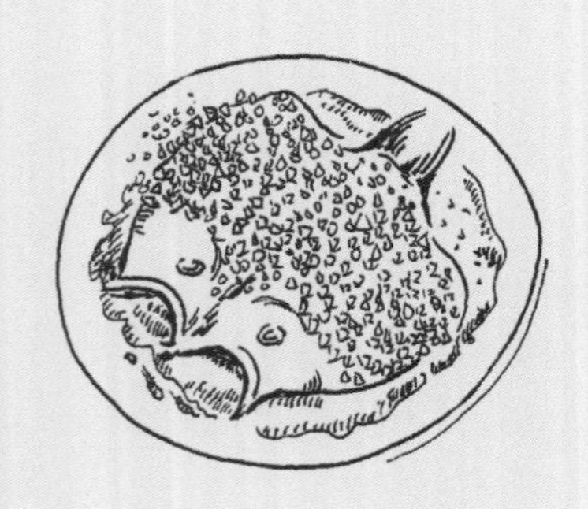

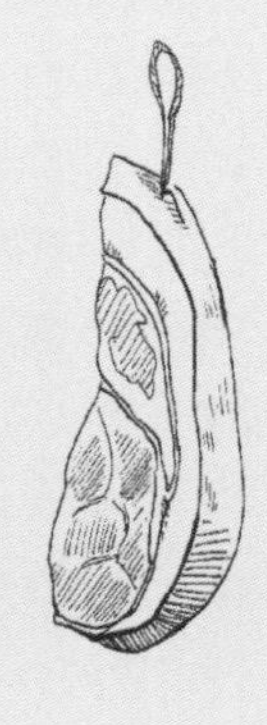

椒。CFP 提供

# 辣椒

【「霸蛮」的一道菜】

常说湖南人"吃得苦，耐得烦，霸得蛮"，尤其是"霸蛮"这一项，把湖湘精神发挥得淋漓尽致。在吃辣这个问题上，湖南人也是相当霸蛮的。每顿必少不了辣椒，天天辣，顿顿辣。而且不像其他几个吃辣大省，只是把辣椒作为配菜作料，湖南直接把辣椒作为主菜。要辣椒吗，就给上一盘辣椒——爆辣椒、烧辣椒、虎皮辣椒、擂钵辣椒……，原原本本，干干脆脆。还不够辣，桌上一般都用小盅、小碗、小盆，盛放着几味辣——油泼辣子、干辣子、酸辣子……自己加。

对于地处阴寒卑湿之地的湖南人，辣椒就像一枚高爆炸弹，丢进嘴里的味蕾群，引爆整个小宇宙。由此产生的热力能量，足以将人体内蕴含的燥气湿郁排解释放，人变得神清气爽。如不吃辣，最好先要求或拿住湖南厨子们的手——别放辣椒。厨子的表情，通常是一皱眉——不放辣怎么做菜。所以再三提醒之下，还是会发现星点红亮的辣椒，以及少许辣味，请躲进洗手间哭一下——"这是湖南"。

在湖南人面前挺着胸说自己能吃辣，至少你要先尝过这几道菜。长沙的辣椒炒肉，先用骨头高汤将辣椒杀去青味，精选五花肉用茶油翻炒，辣汁油香充分渗透融合。岳阳的麻辣小龙虾，直接从湖泽河汉跳到鲜红喷香的汤汁中，停不下的手也会感知到辣味。永州血鸭、东安子鸡、浏阳黑山羊，无不都是辣嚯嚯的菜。

## 何处吃

### · 长沙坡子街至南门口

南门口、坡子街是长沙老街美食"双子星"，相距不远，顺着黄兴南路步行街走上20分钟左右就到。可先从坡子街吃起，从火宫殿吃到悦方MALL下的黑色经典臭豆腐，这一路上向群锅饺、老街鱼嘴巴、杨裕兴……南门口，街边就有四娭毑口味虾、五娭毑臭豆腐……要专程去吃辣，可搭车去"谢光头辣椒炒肉"，城内有几家。

### 【麻辣小龙虾，湘菜的"至尊宝"】

这货就是从石头里蹦出来的，在湘横空出世后就风行神州大地。不知道为何要加个"麻"，湘籍的小龙虾其实都是纯辣。纯纯的辣味，是由土鸡、筒子骨炖出的高汤，配上火红猛烈的辣椒，大火熬制出来的。当然其中缺少不了豆瓣酱、蒜米、姜片、紫苏等

（左上）湖南浏阳蒸菜。GETTYIMAGES 提供（右）湖南乾州古城，晾晒中的辣椒。CFP 提供

添香加辣的作料放入，其中紫苏是最接地气的本土香料。如去洞庭湖边的鱼市，购买鱼虾湖鲜时，摊主必会直接塞一把紫苏在你手里。

本尊小龙虾基本来自洞庭湖泽河汊，个头肥大。虾先被洗刷干净，背上划开一刀，扔进高压锅里猛火焖上十几分钟后出来。通体红亮，热气腾腾的虾，再在滚滚的油锅过一遍，加上辣味汤汁，就成了。当然，现在市面还流行油爆虾、虾尾等做法，这些都是本尊“麻小”的变身。

要降服这“至尊宝”，非得动用“五指山”不行。直接弃箸上手，从盆里捞虾，剥壳扯钳。先将浓汁吮吸一遍，再把鲜嫩肥美圆滚滚的肉身扯出。辣汁会浸染你的双手双唇，辣乎乎，热汗淋漓，停不下的节奏。如有一杯冰啤酒，夜风徐徐，此刻就好好珍惜这份摆在你面前的爽快吧。

HUNAN 年 月 日 湖南

# 剁椒鱼头

## 【湘菜的「当家花旦」】

手起筷落，红彤彤白嫩嫩的两块大脸庞很快就被分食而光。连盘中的汤汁，也随下入其中的面条一并落入肚中。这就是湘菜的当家花旦剁椒鱼头的“命运”，被喜爱讨彩头的中国人解释为鸿运当头，开门红。环顾全球，真能把动物头作为美食的国家寥寥无几。唯独中国这个民以食为天的国度，能摆上好几道“斩首”名吃——成都的双流兔头，武汉的精武鸭头……当然也包括剁椒鱼头。

常说靠山吃山，靠水吃水。坐拥洞庭大湖，被湘、资、沅、澧四条大江牵系着的湖南，没道理不出几道像样的湖鲜、河鲜大菜。鱼头，当然得选胖头鱼，学名为鳙鱼，头大，肉质雪白细嫩。舍弃鱼身，独留下活脱脱整一个鱼头，“鳙鱼头，肉馒头”。别急，在进蒸笼之前，要好好精心整饰一番，披红挂绿。红的辣椒、绿的葱段、黄的姜丝、白的蒜末，在氤氲的白气中这么一过，众人的注视下，就浓妆艳抹地出场了。

虽是当家的花旦，但还是抵不住被分解下肚的结局。常说“内行看门道，外行看热闹”，是不是真正的吃鱼行家，从下箸的那刻，就可立辨分晓。在高手的对决中，瞬间消失的是微翘的鱼嘴，鼓鼓的鱼眼，以及鳃盖下那片白色半透明乳胶状的鱼云，然后再是白嫩细滑的肉。

如此鲜嫩肥美的鱼，竟然在别国泛滥成灾。湖南人调侃曰：“不是说土腥味重、刺多吗，上剁椒鱼头！不出几天，就给你吃成濒危物种，这都不叫事儿。”

## 湖鲜河鲜随便挑

在洞庭湖边的城市晃悠，岳阳、沅江、常德，可挑着当地湖鲜来吃。贵一点的，虾、蟹、银鱼；平价一点的，回头鱼、刁子鱼、俏巴鱼。当然更有天价一般的刀鱼，每斤都好几大千元。据说湖边当地小孩，从小就禀赋两样对付江鲜的本领——春天吃刀鱼，秋天剥湖蟹，都是细活——挑刺剥甲。

在冬春两季，进入湿冷阴寒的湖南，不妨试一试杂鱼火锅或鱼杂火锅。杂鱼火锅，就是将湖南河湖中的各类小鱼仔齐齐煮入锅中，黄鸭叫、小鲫鱼、嫩子鱼……，热气腾腾的鱼汤颇能暖胃。鱼杂火锅，则是将鱼籽、鱼鳔、鱼白、鱼肠整成一锅鲜，用火锅慢慢炖熬。据说长沙南门口鼎鼎大名的“四娭毑”在做口味虾之前，就是靠这鱼杂火锅起家的。

当旅行者到达江湖河溪旁，碰见当地鱼馆的机会很大，这里吃的鱼比池塘喂养的鱼更鲜美，有时甚至可以从水边停泊的渔船船舱中船板下直接去挑鱼。鲜鲜的鱼汤都是奶白色的，不加佐料，鱼肉也是甜美的。

## 何处吃

### · 长沙玉楼东和火宫殿

前者在长沙中轴线——125号，民航酒店（机场大巴发车点）旁；后者在长沙最繁闹的商业街坡子街。这两家店都是百年老店，有湘菜大师们主理，在用料、摆盘、口味等方面，完胜一般的时尚潮店。当然价格也是上乘，不过淘上一两张优惠券在手，就能让你气定神闲地好好享受一餐。

（左）剁椒鱼头。GETTYIMAGES 提供
（右下）剁椒鱼头。CFP 提供

# 湖南腊味

【“小鲜肉”的完美变身】

湖南芙蓉镇，居民自制的腊肉。CFP 提供

晶莹透亮的一片，入口绵软即化，满嘴油香。可你不曾想到它出世的模样——黑漆漆、脏乎乎，一副从黑风山黑风洞钻出来的模样。现在市面上大批鲜红光亮的腊肉，绝非从山里出来的，都是工业化速成的产品。

如果说辣椒是会念经的“外来和尚”，那么腊味可是地地道道的本土人士。“腊”字的出现，可追溯到夏商周的时代。《广雅·释器》解释为“腊，脯也”。湘，古为楚地，四周环山，水道纵横，“郡邻江湖，大抵卑湿”。为驱寒取暖，人们常垒砌火塘，中间生火，老老少少围坐一起。山地人的生存方式生活习惯，成就极易受潮发霉的“小鲜肉”，历经数月的烟熏火燎，终究炼成拥有不坏金身的“老腊肉”。

据说做出一道顶级菜的不二法门，就是利用食材本身，这一点也体现在对付老腊肉上。不用绞尽脑汁去讨好它，简简单单，原原本本，将糊在表层的烟垢刮去洗净，一块油亮金黄的腊肉就呈现在眼前。切成薄片，无需添加任何作料，放进蒸笼中一蒸。由此“小鲜肉”完成最后修炼，得以功德圆满，油汪汪亮晶晶，近乎透明，香气扑鼻。追随着腊肉大神，还有同样修成不坏之身的众生——腊鸡、腊鸭、腊兔、腊鱼……它们合聚在一起供人超度，也是湘菜最经典的一道“腊味合蒸”，“膳”哉“膳”哉。当然腊肉不是在独自奋斗，遇上野味山鲜如笋、蕨、蒜……冒出的时节，还能一起合力奉献出它们最纯真的滋味。

## 何处吃

### · 胡师傅三下锅

张家界子午路三角坪

三下锅，世界自然遗产地的本土当家菜，将腊肉、萝卜、豆腐混杂在一起炖煮的小火锅。个中滋味在小火的熬煮下，慢慢浓厚起来。同样具有乡间气息的还有**大使饭店**（凤凰古镇虹桥西路22号），因黄永玉在此招待某国大使而得名，配合湘西大山里出来的当季时鲜——蕨菜笋子方是人间真味。同时，梁实秋也告诉我们：“湖南的腊肉是最出名，可是到了湖南却不能求之于店肆，真正上好的湖南腊肉要到当地人家里才能尝到。”

## 【冬笋炒腊肉】

小时跟大人们一起去挖笋、采蕨、找菌子，是山里孩童们最甜蜜难忘的回忆。在大山莽莽林海里找到这几样不起眼的山野生发之物，并非容易之事。由于地温的关系，冬笋一般深扎在土层深处，只有行家里手才能辨别大竹根在土中的走向，凭着识山的双眼找出冬笋。刨取也须十分小心，得既不损伤竹根，又将圆滚滚的笋身完整取出。

山野之物，当然得就地吃，笋的柔嫩鲜香，才能得以保留。在外地解馋，就只能吃到烘焙出的笋干，美名曰玉兰片。根据时节不同——立春、雨水、惊蛰、清明做出的笋干，还分“宝尖”、“冬片”、“桃片”、“春花”四个种类，其中“宝尖”最为丰腴肥嫩，而后的肉质就渐老了。

# 湘西寻味

【山野蒸出来的纯味】

湖南张家界，土家族捣制糍粑。CFP 提供

白石老人在北漂的时候，无比想念家乡一物——枞菌，也是他嘴中常念叨的“松菌”、“寒菌”，他曾说“曾文正公谓鸡鸭汤煮白菜，远胜满筵席二十四味。予谓湖南之松菌和冬笋，白菜鸡鸭汤不如也”。在湘西旅行，越是往大山里面钻，越是能见到成片的马尾松，即当地人口中的枞树。湘西山地人的生活少不了它，主干可架房起屋，枝条往厨房灶膛里塞，更毋论家家户户的木椅木桌木床。但要碰见树下松针“铺盖”躲着的小“菇朵”枞菌，可能就难了。季节不到，它不出来。眼力不到，认不出来。更重要的是，你要赶在山民之前。一斤40~50元的价格，就如藏区的虫草松茸，成了湘西山民贴补家用弄点小钱的稀罕之物。要说精贵稀罕，就是这厮完全不受驯化，无法栽种培植，不便运输，拥挤摇晃即碎。

菌子最好吃的方式，就是炖汤。一颗颗纽扣般大小、颜色红中显紫的乌枞菌，入口圆润鲜美，犹如山间小精灵蹦跳着进了你的嘴。再啜上一口汤，满嘴的山野浓香。口味重一点的，可和酸辣椒一起烹炒，做成一道爽口的酸辣枞菌。当然也可充分利用它来提鲜，加入土鸡汤、肉片汤、豆腐汤中，汤鲜肉美。最解乡愁的是将它熬制成菌油——用湘西自产的茶籽油，将枞菌在文火中慢慢煎熬而成。在面条、凉菜中滴上一两滴，顿时乡情乡味齐齐涌上心头。

## 何处吃

### · 湘西部落

长沙芙蓉中路一段212号，近锦绣华天大厦

这家遍及省内乃至全国连锁的食店，是最方便品尝到湘西土菜的捷径之一。经典的几样是湘西腊肉、芷江鸭、砂锅王村豆腐、烤糍粑，尤其是时鲜菜枞菌、蕨菜、笋子，碰上了就别错过。当然，在湘西旅行碰上刚从山上下来背篓提篮的山民，也可就地直接收购，带回烹制。其实真正的湘西味道，都藏在路边小店、平常人家，还是找找当地的朋友来为你指引吧。

## 【湘西最“萌”物】

萌物之一：米豆腐。当年的“秦癫子”已成马匪头子冒险家，“桂桂”也成了马大帅，不知他们还是否记得芙蓉镇上那碗香辣甜酸的米豆腐。如今，要寻它还是要到湘西河街市集中，桥头树下，凉亭里。点上一碗，老板会将其在沸水中烫熟捞出。加入红红的辣椒、青绿的葱花、白花花的蒜米、黄黄的姜丝、爽脆的榨菜丁萝卜丁、酸爽的腌菜海带丝、香香的油炸花生米黄豆。一碗热腾腾的米豆腐端上桌，黄嫩晶莹的豆腐入口细滑糯软，各味纷呈。

萌物之二：糯米糍粑。白白嫩嫩的一个小圆饼，一般在湘西的冬日里才能吃到。最过瘾的吃法是烤糍粑。糍粑得放在微微明灭的炭火上慢慢烘烤，火气不能太大，要不然外皮烤焦，内里却是生硬的。糍粑在火气下催得渐渐鼓胀，表皮微微隆起，像一个大包子就大功告成了。此时将表皮弄破，会有一股白气升腾，内里雪白。烤好的糍粑可蘸糖，或将糖灌入糍粑中，等其中热度将糖溶成糖水，入口甜香无比。糖是常见的白砂糖，如有土制的红糖片，味道更佳。如你不喜欢甜食，也可将糍粑中裹入豆腐乳（湘西叫霉豆腐），用油煎熟吃，或切块用甜酒煮熟吃，也可与新鲜的菜叶同煮。

# 湖北

「九省通衢」的位置让鄂菜荟萃各方风味，既辣又鲜。四面八方的人云集省会武汉，营造了天下闻名的「过早」文化。「千湖之省」的地貌让淡水鱼肴和各种水产出类拔萃，楚人蒸出的菜和煨出的汤能满足最刁的舌头。

“千年鄂馔史，半部江南食。”从千年前长江中下游鱼米文化的执牛耳者到如今在十大菜系中叨陪末座，湖北人并不在急于让《楚辞》、《史记》和千百诗词为鄂菜背书。

从省会武汉那让人在选择恐惧中战栗着幸福的过早开始，吃过洪山菜薹和腊肉泥蒿，喝过排骨藕汤，再腆着肚子到仙桃和天门练一套“蒸功夫”。围绕荆江河曲的荆州和荆门，鱼糕和鱼丸已入出神入化之境，鳝鱼和甲鱼亦能烧得不同凡响。沿着汉水的脉络找到襄阳和十堰，海拔逐渐攀升，山珍更加频繁地出现在菜单上，武当山顶的道家斋菜清风一派，神农架藏的野味也定叫你吃惊。在土家族和苗族世居的西南山区，吃得更辣、土风更满，腊肉美到炒啥啥香。土家人“辣椒当盐、合渣过年”，苗人的酸坛和酒更让人上瘾。而以丘陵地带为主的鄂东南，山野乡情、荷塘月下，最是一碗黄州东坡肉勾人心肠。

“两湖熟、天下足”，湖北人从来无须为食材犯愁。各地特产信手拈来：“萝卜豆腐数黄州，樊口鳊鱿鄂城酒。咸宁桂花蒲圻菜，罗田板栗巴河藕。野鸭莲菱出洪湖，武当猴头神农菇。房县木耳恩施笋，宜昌柑橘香溪鱼。”你只稍看地图便会发现，这片土地水网密布。长江和汉水勾起主动脉，千湖支起淋巴，不难理解湖北人对淡水鱼鲜和水产的处理为何总高人一筹。

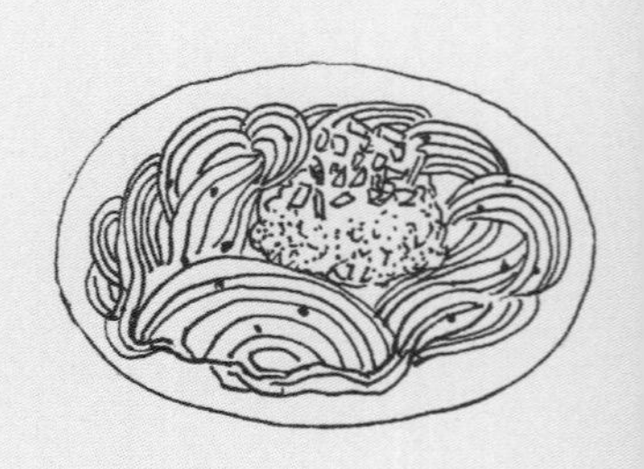

昌，悬崖上的餐厅。GETTYIMAGES 提供

# 鱼

## 【楚游莫忘武昌鱼】

花再多的广告费也请不到毛泽东打广告，一句“又食武昌鱼”让世人到了湖北总想跟着伟人的胃口尝一尝。不过湖北人自己倒是纳闷：武昌鱼有啥好吃的？常常鼻子一哼：“放着这么多鱼不吃，非要吃武昌鱼！”

是啊，号称“千湖之省”的湖北何止武昌鱼。单淡水鱼菜就有千余种，更有数以万计的农家乐、渔家乐以乡土鱼馔大唱主角。且不说高调的名菜如珊瑚鳜鱼、菊花财鱼、橘瓣鱼氽，家常的干煸刁子鱼、糍粑鱼、清蒸喜鱼头也是喜闻乐见。在湖区任意找一人家，随随便便弄一桌全鱼宴如同小菜一碟。不仅是鱼，连鱼鳔、鱼肠、鱼籽、鱼鳞这些下脚料也给你烹得香气四溢。

吃得多，嘴自然变“刁”。湖北吃鱼讲时节：春鲢夏鲤芦花鲫，过冬青草鲶鱼皮。也讲部位：鳊鱼吃边、鲫鱼吃脊、胖头脑壳鲩鱼皮。更讲做法：泥鳅要煸、鱼块要溜、鱼排要烤，武昌鱼则最推崇清蒸。

最后一个脑筋急转弯问题：武昌鱼是产自武昌的鱼么？非也。只有在鄂州梁子湖入长江的樊口捕到的团头鲂才是真正的武昌鱼。奸商常用三角鲂和长春鳊冒充武昌鱼，怎么辨别？鄂州人都会告诉你一种听起来不那么靠谱的辨识方法：只有13根半鱼刺的鱼才是武昌鱼。此说是否准确，你大可以数数看。不过就算被人换了鱼身，按此鉴定方法也只能吃完再算账。

### 何处吃

#### · 汤逊湖鱼丸一条街

武汉近郊江夏大道

汤逊湖水面大，水质好，养出的鱼味道尤为鲜美。湖边的店家都是现捞现做，保证新鲜。鱼肉打成丸子，鱼头和鱼架则做成火锅或汤。沿湖的店随便选一家就好，做得不好的早就被自然淘汰了。最好的鱼丸是用大鳡鱼、大白刁做的。

### 【吃鱼不见鱼】

如同北方人把一团面玩得花样百出，湖北人把鱼也做得出神入化。武侠故事中的“大招”，常匿于无形，是招不似招。湖北人的鱼肴上乘之鱼圆、鱼糕和鱼面，都看不见鱼。

湖北的鱼圆，看起来很松，不似潮州鱼圆那么结实，也不像杭州的鱼圆那么酥软。

（左上）仙桃团子。菜菜 摄（右）晒制中的鱼干。金海 摄

讲究遇水即浮、入口便化、落地不碎，要想做到这三点绝非易事。鱼茸的调制打发十分重要，成功的标志就是生鱼茸可以漂在冷水上。鱼糕在其他省份几乎没有，但湖北荆沙一带常吃，若摆宴席，头菜常常是它。湖北的鱼糕如云朵般轻盈洁白，吃进嘴里却松软如棉花，牙齿可以放在一边不用，先用唇抿断迎入口中，让鱼糕滑润如绸缎的身体调戏舌头，微微开合口腔数次糕体便已融化，鲜味直冲脑门，若是再来上几口煮过鱼圆的原汤，全身的细胞都在喊投降。这是童叟无欺的一道菜，掉光牙的老奶奶和没长牙的小娃娃都能吃。

鱼面更是楚天特有的面食。外形和普通面条差别不大，但却是用青鱼、草鱼或鲶鱼等的鱼肉和白面、玉米粉混制而成。吃起来鲜美不说，且久煮不烂，是用来下火锅的好食料。以云梦、黄梅和麻城鱼面最为有名。

# 过早

【街头快热鲜】

武汉街头边走边吃的“过早”享受。杨二 摄

“过早了冒”是武汉人早晨相互问候的话语，等于英文中的 Good morning! 足见武汉人对早餐的看重。在武汉，没人在家里吃早餐，人人都在街头过早。为何叫过早？一说因为早餐内容之热闹丰盛形同过年，故称过早。此说并非夸张，随便在武汉街头走走，就算一天一个样，也可以做到一个月不重样。二说因为用餐时间大多很短，从制作到下肚全都很“唰啦”（迅速），三下五去二，匆匆而过。武汉街头常能见到窈窕女子脚踩高跟鞋手捧纸碗热干面，边走边拌边吃，从面摊走到公交车站不过几分钟时间，但见面去盒空，车到人走，其配合令人叹为观止。

热干面是武汉的招牌过早——最出名也最具特色。碱制的熟面拌麻油提前备好，制作时用笊篱盛着放入开水中烫几下，捞起淋干放入碗中，加盐、胡椒、味精、虾米、辣萝卜碎丁、腌菜、葱花、蒜水……最重要的是芝麻酱。上好的芝麻一粒就足以齿颊留香，无数芝麻制成的油酱当真香得能吞下舌头。虽说武汉三镇街头巷尾到处都是热干面店，但各家口味都有所不同，其关键就在一勺卤水，这点不足外传，各家都有各家的秘方。

豆皮是武汉早点的另一传奇，以老通城的最为有名。老通城的豆皮，蔡林记的热干面，四季美的汤包，五芳斋的汤圆，是当地无论老幼都能说得出的几家老字号，这个名单还可以不断加长。但每个武汉人都有自己心目中的过早圣地，它可能只是自家巷子口一个黑黢黢的摊位，出售着面窝、酥饺、油饼、油条，也可能卖着欢喜坨、糯米鸡、糖油粑粑和糯米包油条……

## 何处吃

### · 户部巷

武汉武昌区解放路司门口自由路

多亏了有关部门集中力量办大事，散布在武汉三镇街头巷尾的各式早餐得以在一条小巷上云集。户部巷是武汉有资历的美食一条街，这里吃的多吃货更多，非节假日也是熙熙攘攘。你可以在这条短巷里定义什么叫超高性价比——5元吃饱，10元管好。

## 【混搭过早】

热干面的绝配是蛋酒，正如鱼糊粉的绝配是馓子。虽然各人不同好，尽可以任性地吃你想吃的，搭你爱搭的。但日积月累，千万武汉人还是用舌头评出了一些适合在一起的早点。

先说干的。热干面有一个变身是热干粉，调味料一样，只是碱面变成了米粉，通常是“女将”们更爱吃。男士们有时候觉得不管饱，会再加一个面窝。面窝是油炸类早点中的翘楚，用大米和黄豆制浆油炸而成，外形有点像甜甜圈，口味是咸鲜的，中间薄而焦脆，外围肥厚。和面窝并称为“油炸三宝”的还有糯米鸡和欢喜坨，前者咸后者甜，都有着外脆内软的绝佳口感。还有一种米粑粑，是许多武汉人记忆中的美味，遇到切不可放过。

这些干货可以任意和一些汤水类的混搭，武汉人最爱搭配的是蛋酒或者清酒，或者桂花糊米酒，豆浆和豆腐脑也常用上，夏季为了应对灼人高温，冰镇绿豆汤最受欢迎。

# 藕

【一丝牵乡愁，众窍通清凉】

夏季在湖北境内行走，常常置身于荷叶翩翩、莲香十里的荷塘风光中。然而会吃的人懂得，有一种美味深藏在叶下的淤泥中——藕，它会根据时间的变化，带给人们持续半年的至鲜味道。

初夏，荷叶正在舒展，藕带是此时湖北各地的菜市场中最走俏的食材。它状如婴幼儿时期的成藕，细白鲜嫩，掐得出水。湖北人喜欢将其斜刀切成段，用白醋和红辣椒丝相佐翻炒成清爽的酸辣藕带。由于食材的供应期仅1个月左右，是应季才能食到的珍馐。倘若5、6月份到湖北，且记不可错过。

待到吃过了莲蓬，入了秋，藕便上市了。排骨藕汤是身在异乡的湖北人的“乡愁”，湖北人家到了冬天几乎月月都要喝，一碗下肚，浑身都暖。上好的猪排骨或筒骨和莲藕一起用吊子煨，最讲究的做法会选用九孔的粉藕，器具最好是旧的沙吊子，放在炭火上慢慢焙。待热力将油从吊子壁孔中缓慢催出，吊心内就留下一口突突冒着热气的好汤。

春节前，湖北人家里必开“油锅”：除了炸制鱼丸、肉丸，还要做年夜饭桌上必不可少的藕圆和藕夹。若你在春节期间去湖北黄冈赤壁怀古，还有机会尝到一种十分特别的藕粉圆子。外皮用鲜藕磨浆加淀粉制成，芯料则用芝麻、桂花和冰糖调合，一屉蒸出，先闻芬芳、再见剔透，是把秋天装在了冬天里，蒸成了夏天再入胃。

## 何处吃

各类藕菜在大酒店，如湖锦酒楼、楚灶王大酒店、亢龙太子酒店、艳阳天酒家等的菜谱上都能找到。但最好喝的排骨藕汤一定是在湖北人家里，那是不惜时间和成本慢慢煨出来的。

**王金刚**

湖北藕农

### 藕要怎么吃？

湖北的藕按颜色分为红莲藕和白莲藕，按大小分为九孔藕和七孔藕，按口感分为粉藕和脆藕。蔡甸的藕名气大，洪湖的藕种植面积最广，洪湖水，浪打浪，这歌很多人都听过。通常而言，湖北人喜欢用粉藕制汤，脆藕炒菜。藕其实是可以生吃的，生藕水分更足，微甜清香。

### 怎样挖藕？

现在是用高压水枪冲开塘泥，藕会浮上来。没有水枪之前，全都靠人手，像是从子宫里面探娃娃，用专门的藕铲，一把一把地把整个塘顺着一个方向慢慢开一遍。从脚踩，试出藕，再用手慢慢取出来，捋去泥。一定要小心，藕断了，就卖不出价格了。要是灌进去泥，没有人要。

### 对你们来说最大的希望是什么？

希望藕价涨多点，希望市场稳定一些。采藕的人希望天气冷，冷天藕价更好。人虽然遭罪，但有盼头。湖北的冬天湿冷出了名，人泡在过膝盖的泥里，那是啥感觉？穿了棉裤套了胶衣也扛不住，一天下来手、脚、脸全是麻的。午餐就在船上贴着泥藕啃干粮，好多采藕的胃都不好，腰腿关节都有毛病。所以，我们看市场上的藕，感情不一样。

# 沔阳三蒸

## 【云梦大泽的温柔菜】

听说过仙桃的人多半是因为体操—— 李大双、李小双、杨威的家乡。但从南北朝开始到1986年，仙桃都叫沔阳。今天，沔阳这个地名已经消失在行政地图上，沔阳三蒸却永远保留在了家家户户的灶台上。

仙桃、天门一带小馆酒家的门口，永远少不了一摞摞冒着白汽的蒸屉。要吃什么，即点即上，把蒸笼盖子掀开，脸顺着一阵猛烈的蒸汽迎过去，鼻腔先迎来潮湿的润泽，毛孔打开；继而嗅到丝丝米香，那是裹住食材的米粉带来的；最后闻到“综合香”。综合香是什么？那得吹开云雾看看屉里蒸着什么。小孩子总是直接被五花肉吸引过去，老人家则最爱清苦的茼蒿。

无论是地上跑的还是水里游的，到了仙桃统统都被端上蒸屉，猛火汽熏，蒸它一蒸。诸多蒸法中有一招称为粉蒸，杀伤力最足，其中一道大菜粉蒸肉实乃打遍天下无敌手。通过蒸，肉的油腻被粉中和，粉又吃饱了肉的油香，渣渣滑滑的口感如同童年时嚼的“跳跳糖”般妙不可言。最重要的当然是这粉，要用仙桃香米加花椒、八角、桂皮小火焙制微黄，再研磨至粉末。如今为了这口感当然是相当折腾，但它的发明却源自于生活的艰辛。荒年吃不起大米，只能用少许杂粮磨粉，拌合野菜、藕块投箪而蒸。陈友谅夫人的灵机故事，张学良的赞誉不过是借助名人锦上添花，珍珠丸子、粉蒸鲟鱼更是后人发明的奢华之作。江汉平原的蒸菜，不为迎合现代人那句“营养还是蒸的好”，而是将鱼米水乡的物产天然捏合，用点滴水汽漾成水乡人生的悠然味道。

## 沔阳N蒸

“沔阳三蒸”到底是哪三蒸？这是个争破头也没有固定答案的问题。倒不妨理解为一个虚数代指的游戏，“沔阳三蒸”，不止三种蒸法，更不止三道菜，甚至不止在“沔阳”才能吃到。

最经典的“沔阳三蒸”是把鱼、肉和蔬菜摞起来蒸成一道菜，而不是平行蒸成三道菜。鱼，要铺在蒸屉的最上层，这样既保证了鲜味不串，又方便检验是否熟透而不至老，要的是那个“鲜”字。五花肉整齐地码放在中间一层，蒸汽一上，肥油便顺着缝隙滴到最下一层的菜蔬上，让蔬菜得到润泽。菜蔬，比如茼蒿或莲藕，陈列在最下一笼，特有的香甜顺着蒸汽爬升，分别浸润了肉和鱼。这三类食材各自修炼也相互打通，上蹿下淋，靠的都是“蒸功夫”。

外乡人烹饪惯于用火，生活在水乡的人们则懂得借助水的柔力。在江汉平原上，与仙桃一水之隔的天门蒸菜也赫赫有名，所谓“天门八蒸”，像岳口镇的粉蒸牛肉，乾驿镇的泡蒸鳝鱼，多宝镇的蒸笼格子，各有绝招。

## 何处吃

### · 沔街

仙桃刘口高架桥旁
（西起汉江路，东至何李路）

近年新修的门脸美食街，一家家餐馆比肩而立。沙湖一点珠，沔城白莲藕，红庙萝卜范关酒；郑场六月曝，毛嘴卤土鸡，张沟黄鳝泉明鱼，都能在此一网打尽。

（左）沔阳蒸菜中的粉蒸肉。CFP 提供（右下）沔阳蒸菜中的蒸鱼丸。金海 摄

# 浙江

极目瑰丽而曲折的海岸线，远眺绵延不断的江南丘陵，蕴含着关于美食的种种秘密——活蹦乱跳的东海馈赠，乡野山间的农家味道，精巧雅致的文人创意。这就是浙江，山水之间，令人胃口大开。

浙地风光地貌多样，方言常有“十里不同之迥异”，造就了各地菜肴口味也大相径庭。在浙江旅行，不免会时常发出“还有这样的菜（吃法）啊”的感叹。

隋代，京杭大运河开通，成为南北交通的大动脉，杭州菜被称作“京杭大菜”，北方的烹饪方式也经由运河而传入杭州。南宋时期，杭州成为国都，全国风味的酒楼都在此占有一席之地，据说西湖醋鱼便是从汴京名菜糖醋黄河大鲤鱼改良而来。在江南，杭州菜也许更容易被北方人接受，它既不似苏锡菜那样甜，也不如上海菜那样浓重，反而以清鲜爽脆、制作精良而成为浙江菜的主力。历代雅士骚客当然不会放弃大好机会，纷纷参与了杭州菜的创制，令它拥有更多文人气质。

继续往南，宁波菜鲜咸合一，以蒸、烤、炖为主，烹制海鲜见长，注重保持原汁原味，一道雪菜大汤黄鱼，更见功力。绍兴菜具有浓厚的乡土风味，善于烹制河鲜与家禽，另有霉菜、臭菜、腌菜三大系列，都是对味蕾和胃口的极大考验。温州菜海鲜多，擅长爆炒，注重原料之鲜，三丝敲鱼是家家都会的经典之作，当然还有鸭舌这样的旅途美味。

浙江与苏南、皖南、赣东、闽北均有接壤，自然受到这四地口味的影响，而浙西南的衢州以辣见长，中部偏南的丽水则有吃虫的传统，恐怕都会成为旅途中的意外惊喜吧。

乡，晾制中的腊味。GETTYIMAGES 提供

# 龙井问茶

## 【走九溪品茶香】

暮春三月，沿着钱塘江边，从九溪十八涧的南端开始往里走。峰回路转，溪水清浅，绿树掩映，新芽初放。行至后段，山腰间有行行茶树，采茶女子一闪而过，不久便到了龙井村。龙井是地名，也是泉名和茶名，一个“问”字生动地点出了趣味。位列中国十大名茶之首的绿茶，究竟有多美？

随便走进一家院子，便有主人沏茶招待。茶叶不用什么好罐子装，一律从蛇皮袋中取出。有人正用电锅炒茶，碧绿生青的嫩叶入了锅，慢慢干瘪卷起，顿时清香四溢。龙井分明（清明）前和明后，前者价格要翻后者数倍，正牌明前龙井动辄就要数千元呢。明前茶一叶一芽，芽芽直立，均匀成朵，泡出的茶水绿中显黄，明后茶叶深，泡出的茶水更偏向绿色，雨（谷雨）前还不错，若是到了夏秋，茶色就越发走向暗绿和深绿。因此，民间才有“雨前是上品，明前是珍品”一说，也有下半年改喝红茶的讲究。据说最好的茶叶在农历二月就要采摘，茶叶扁平光滑挺直，色泽嫩绿光润，制成的便是特级龙井，以一斤拥有三万六千个嫩芽而令人叹为观止。

龙井“色翠、香郁、味甘、形美”，在杭州也分狮（峰山）、龙（井）、云（栖）、虎（跑）、梅（家坞）五个产地，其中狮峰龙井堪称“龙井之巅”。除此之外，还有产自钱塘江、富春江两岸各县市的钱塘龙井、绍兴地区的越州龙井等。虽说真正上品的龙井茶不产自农家，但能在春日探幽问茶，也是一大乐事吧。

## 取龙井，烹美味

袁枚在《随园食单》里曾说："杭州山茶处处皆清，不过以龙井为最耳。"龙井从唐代的寺院之茶，到明代为平常百姓所饮，直到今日成为诸茶之首，走过了千年。这样的珍品，用来喝自然好，用于烹调美食，岂不更好？

以茶入馔，古已有之。茶叶适合与本身含有天然油脂及鲜味的食物搭配，令其清香甘醇。飞来峰下的天外天菜馆，就独创了一道龙井虾仁。据说当时厨师受了苏东坡的《望江南》中"且将新火试新茶，诗酒趁年华"一句的启发，才将明前龙井新芽与新鲜大河虾仁一同下锅，做出了这道清香雅致的菜肴。不过，那时的徽州师傅，已然在用茶叶烹制虾仁，恐怕这才是催生了杭厨用龙井的真正原因吧。

虾仁个大弹韧，鲜嫩无比，色如白玉，龙井碧绿生香，原料很简单，调味也很少，看的是翠与白，吃的是鲜与香。千万别用勺子一口几个地来吞虾仁，这样精致的小菜，不宜饕餮，只适合一筷一只，细嚼慢咽，品其真味。萦绕齿间的不仅是美好的味道，说不定还有几分人生感悟呢！

## 何处吃

可以到龙井村、梅家坞等地走访农家，顺便喝茶。也可以在它们周边的露天茶室，一边喝茶，一边聊天打牌。市区的茶馆，常以茶水加自助餐点的形式，价格略贵，品种倒也更多。

（左）炒制龙井茶。CFP 提供 （右上）龙井茶叶。钱晓艳 摄 （右下）龙井虾仁。申由甲 摄

# 金华火腿

## 【芬芳美腿鲜煞人】

“一挺机关枪，两百发子弹，两只手榴弹，一只炸药包”，现时听来带有恐怖意味，若在三十年前，这可是上海“毛脚女婿”上门的标配。子弹是香烟，手榴弹是好酒，炸药包是奶油蛋糕，机关枪就是“金华火腿”。身扛一条大火腿的男人求见岳父母，扛着机关枪的战士奔赴战场，此情此景，何其相像！

金华火腿看起来个头大，但民间却鲜有直接从火腿上切大块肉来做菜的，也没有听说过炒食，也很少加入酱油和大料来烹调。一般的江南人家，总是到南北货铺子里切一段上好的火腿存着，蒸鱼时切几片，煲汤时切几片，更像是一款吊鲜之物。若是“毛脚”扛来一腿，必然是亲朋好友皆有份了。“火腿熬汤，垂涎流芳”，许多珍贵的食材本身没有滋味，有了火腿同煮，才让它们锦上添花。不会吃火腿的直接蒸食，不料火腿本身用盐腌制，常常一片就被齁着了，不妨蒸后放入蜂蜜中浸透再吃为好。

不过在杭州，厨师就敢拿火腿来做大菜，采用的是金华火腿位置最好的“上方”，是整条火腿中肌肉纤维最均匀紧密之处。蜜汁火方，看起来实在也不难，取带皮上方，加上冰糖、糖桂花、莲子、蜜饯樱桃烹制，但是需要几乎加一味就蒸一次，不断地浸蒸而成，方才能让各色甜味与火腿的鲜香融合，看起来红光透亮，吃起来酥烂可口。一条腿的精华，都在里头了。

### 何处吃

自家吃的话，当然要买正宗的金华火腿，现在以金字牌金华火腿和雪舫蒋腿两大品牌居多，后者更出自“火腿甲金华”的东阳。如果要吃店家，那么要数杭州湖滨28餐厅里的蜜汁火方，蜜汁芬芳，火腿鲜醇，老少皆爱。

### 【三条迷倒众生的“腿”】

火腿是世界三大发酵食品之一，腌制只是其中一个步骤。为什么要强调这一点？因为纬度、海拔、环境等都会深深影响发酵过程，才让这三条火腿各放异彩。

金华火腿称南腿，采用浙江最优质的猪种“两头乌”（头颈和臀尾黑，身段白）的后

（左上）火腿师傅正在打理晾晒中的金华火腿。CFP 提供（右）金华火腿成品。钱晓艳 摄

腿制作，只取10~18斤的大小，经过腌渍、风干、上架及发酵等几十道工序，一条腿几乎要一年才能制作完成。色、香、味、形俱佳，不过更强在入馔吊鲜。

宣威火腿称云腿，出自云南高海拔低纬度地区，以当地土猪不足5公斤的后腿为上品。“三针清香穿绿袍”，裹在外层的绿霉烟正是多种微生物深度发酵的结果。它比金华火腿肥膏更多，看起来更油润，咸度却略淡。除了入汤之外，还可以加入蔬菜或者菌子煸炒，比鲜肉更加香酥入味。若是三年以上的陈火腿，更能切薄片直接食用，和陈年老酒一样叫人过瘾。难怪金华名士何炳棣说，论单吃，宣威火腿优于金华。

西方最美味的火腿，莫过于西班牙的伊比利亚火腿，用橡子喂养的黑猪制成的火腿是最高等级。薄薄一片，肉质鲜滑，裹上蜜瓜，甜咸柔脆一相逢，胜却人间无数。

# 西湖醋鱼

【湖上帮烹鲜鱼】

杭州西湖。GETTYIMAGES 提供

遥想南宋迁都，杭城一幕幕莺歌燕舞，纸醉金迷，也引得餐饮业进入“只把杭州作汴州”的空前繁荣，各地名厨都在此一展身手，浙菜跃入八大菜系也正在此时。

出身杭州的清代美食家袁枚，在《随园食单》里写过不少家乡味，“醋搂鱼，用活青鱼切大块，油灼之，加酱、醋、酒喷之，汤多为妙，俟熟即速起锅。此物杭州西湖五柳居最有名……”1929年西湖博览会以前，杭州城里只有“五柳鱼”和“醋溜块鱼”，其来历出自于“叔嫂传珍”的故事，后来才发展成“醋溜全鱼”。

当时还有种“醋鱼带柄”的吃法。小二端上醋鱼时，另上一小碟奉送的生鱼片，不加酱油，只用麻油、酒、盐、葱拌着吃，也叫鱼生。可想而知，当时西湖的水质和鱼质都好到什么程度。

西湖醋鱼，是1949年后新定的菜名。它既是杭帮菜的头牌，也被无数人评价不过如此，一来确实好吃，二来确实难做。西湖醋鱼必须选草鱼——肉糙刺多，以醋相配，恰到好处。必须“饿养活杀”，将鱼在清水中饿一两天，排净肠内杂物，才不会有土腥气。孤山旁的西湖边，可以看到围笼养鱼处，这是楼外楼坚持了100多年的做法。鱼用沸水氽熟，要到刚好熟了的那一刻捞起，多一分少一分，口感就差之千里。

为了讨好食客，店家推出了用价高之鱼做的西湖醋鱼，鲈鱼、鳜鱼甚至笋壳鱼，虽然鱼肉细嫩，但与醋却未必相合。正如现在的醋鱼，更接近于糖醋鱼，也失却了原来只以微醋致鲜的清淡风味。

## 何处吃

### · 楼外楼

杭州孤山路30号，近平湖秋月

创立于1848年的老店，最初只是文人雅士游湖之后光顾的小酒肆，靠湖鲜赢得一众青睐。杭帮菜中的名菜，在这里都可以品尝得到，虽然老店总被人挑三拣四，价格也不便宜，但要吃西湖醋鱼，还得上这儿来，记得点草鱼做的那款。

## 【杭州菜的文人气】

孟子老早就教育过大家，“君子远庖厨”，但个性文人们哪里肯听。中国的大文豪们都乐于参与美食开发，著成菜谱的不少都是名家。文人菜，虽然没有被认真界定，但从菜名就可以找到出处。细数小时候背的诗歌，歌颂西湖和杭州的还真不少，文人偏爱此地，当然也要创些新菜式。

伟大的文学家兼美食家苏东坡，就在杭州留下一道家喻户晓的佳肴——东坡肉。早前被贬黄州时，他就曾写下一首烟火气十足的《猪肉颂》：“洗净铛，少着水，柴头罨烟焰不起。待它自熟莫催它，火候足时它自美。黄州好猪肉，价贱如泥土。贵者不肯食，贫者不解煮。早晨起来打两碗，饱得自家君莫管。”他第二次到杭州上任时，因疏浚西湖为民造福，老百姓们纷纷送上他爱吃的猪肉，苏先生这才用他的经验，烹制了回赠肉，“东坡肉”开始走红天下。

东坡肉用料和制法都颇为简单，但块肉炖煮，独盅而上又不失豪迈，吃起来总会令人不禁联想“大江东去，浪淘尽，千古风流人物”的大气磅礴，在以轻油、轻浆、清淡著称的杭州菜里，也算是独树一帜了。

# 臭菜

【挑战闻臭吃香】

绍兴臭豆腐。CFP 提供

浙江人一向“靠山吃山，靠海吃海”，吃得都够活够鲜，却不料也有“嗜臭”之地。“闻闻臭吃吃香”的食物也不算少，当然不是所有的臭都和榴莲的味道那样，如果从杭州出发一路往东南，到绍兴和宁波，那里的臭菜可算得上对味觉的真正挑战。

臭菜制作的最好的季节是五六月份，这个时节不冷不热，又值江南的梅雨季，腌制发酵的气温和湿度都正好。腌制臭菜的关键得先做好臭卤，一是必须以老的臭卤为引子进行发酵；二是要密封，这样瓮中的东西才能加速腐烂发臭。

但当地人可是随性得很，一缸臭卤，就像四川人的一坛泡菜，想吃什么就随时往里面投什么，三两天就能“臭”上了。除了著名的“三臭”——臭冬瓜、臭苋菜梗、臭菜心之外，臭咸齑（雪里蕻腌制）、臭芋艿蕻等，似乎什么蔬菜都可以拿来“臭”上一把，不过“臭”之前至少需要煮或蒸到七八分熟才行。

宁波人把臭苋菜梗称作“苋菜咕”，“咕”字便是吸食时发出的声响。夹起那土黄泛着暗青的菜梗，轻轻一吸，一股果冻状的肉质溜入口腔，那味道真是难以道明。感觉非常鲜咸，味蕾立刻被刺激起来，赶紧扒拉大口饭，随之而来的就是若有若无的臭味。软塌塌，香咪咪，臭兮兮，大鱼大肉之后，上一盆“三臭”，绝对是开胃的“压饭榔头”。

不爱的人避之不及，爱它的人却“无臭不欢”，那么多本地人都能与你“臭味相投”，绝对值了。

## 何处吃

上宁波人和绍兴人家里吃最好，不但原汁原味，说不定还有很多民间智慧。不过两地的菜馆里必然会有“臭名昭著”的菜肴，如果你只是想试一试，不如从臭冬瓜开始，它的味道比较清淡，下肚之后，口中才会有些许臭感。

## 【臭与霉，哪个香？】

绍兴人爱臭更胜于宁波人，不过，他们也很爱“霉”。据说这还跟当年勾践被囚禁吴国时“尝粪问疾”有关（虽然可能是杜撰），勾践回国后，大夫文种号召越国百姓皆吃霉咽臭，勾践就此卧薪尝胆，终于复国。绍兴（会稽）是越国都城，有此一说倒也有理。

霉的制法与臭又有些不同，不用卤来浸泡，而是等待天然发酵。比如霉毛豆，将黄豆浸胀煮熟后倒入罐中，封口任其自然发酵，待长出长长的毛来，再加入辣椒、生姜、大蒜、盐等调料。十天半月后打开食用，毛豆修炼得鲜、辣、酸、臭、霉俱全，下饭佐酒都风味十足。

产自上虞崧厦的霉千张，闻起来不怎么样，夹上蒸制的霉千张入口，出乎意料地入口即化，柔糯鲜香，感觉都不是豆制品了。千张是厚的豆腐皮，也叫百叶。200多年前，当地人王绍荣制作了大批千张供应寺庙，将多余的放在一边，等想起时千张已经散发霉味，可是吃起来却爽洁适口，他把这些千张分与邻居，众人皆赞，这霉千张也就一试成名了。霉千张蒸肉末，肉香与霉香互相沁透，是一道易做又可口的绍兴家常菜。

# 安徽

这片看似平静的土地上，数百年来上演了一幕幕惊心动魄的商界传奇。发源于乡村山野的土菜，也跟随着徽商的脚步走遍天下。今天，即便无法再找到一个钱庄的痕迹，却可以在各地佳肴中找到徽菜曾经带来的灵感和辉煌。

安徽并不能算严格意义的美食目的地，所谓“安徽料理”也不过是某些编剧的调侃之言，但确实很难用一句话来告诉你，安徽人到底在吃什么。

这首先需要归功于神奇的地理，大山大河盘踞于此造就了诸多不同——淮河从北部经过，将中国的南北分割线拉到了安徽，让米和面的关系瞬间变得清晰；长江在中南部划了一道斜线，不仅带来了江边的美味，也造就了独特的烹饪手法；新安江在南部发源，一路流向了天堂，也让徽州文化顺流而下；再加上大别山区和皖南山区坐镇两头，让安徽饮食呈现出三大流派——北部的沿淮菜，中部的沿江菜和南部的徽州菜。如果你有机会“贯穿”安徽，那么就能从烟雨江南一路吃到豪情江北。

徽州菜是最拿得出手的头牌，就在一百多年前，它甚至位列过八大菜系之首，说它是江南美食各大门派的导师也不为过，苏菜和沪菜里响当当的头牌，都曾汲取了徽菜的精华。今天的绩溪，仍然源源不断地向全国各地输出名厨，或者能算是徽商之遗脉。不过，也别小看了中部的小吃和北部的面食，它们才是安徽饮食的中坚力量。

看看安徽周边，分别被江苏、浙江、江西、湖北、河南和山东紧紧包围，其中不乏美食之地，也让这片土地上的人们吃得更加五花八门。如果你从周边省份过来，没准能在不经意间吃到家乡风味呢！

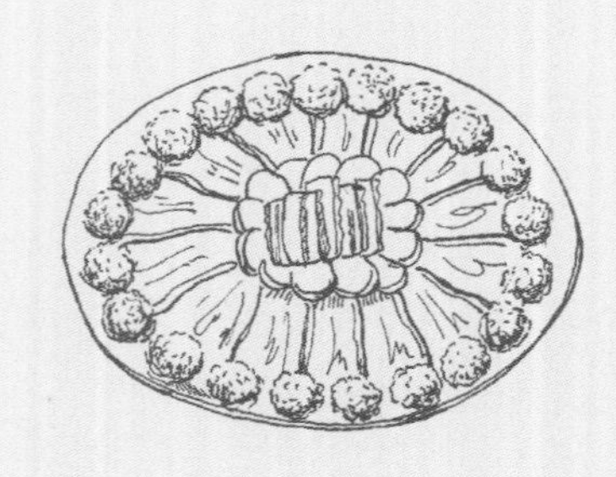

# 一品锅

## 【层层叠温暖】

从浙江临安的山间出发，花上两天一夜的时间，就可以到达安徽绩溪。据说这条徽杭古道在唐代已修凿而成，徽州人为了摆脱地窄人稠的困境，匆匆往来于古道两头，在家乡和异乡之间谋发展。如今，古道只能算作初级户外徒步路线，但走到尽头，便有一道美食等着旅人。

村妇们生起煤炉，每个上头都支着一口铁锅，看着她们一层层地码菜，就足够让人垂涎三尺了！第一层是萝卜、冬笋、干豆角、笋衣，已然用排骨肉汤焖至半熟。第二层是肉排骨或红烧肉，也是半熟，平铺架起。第三层是装了馅料的油豆腐包，鼓鼓囊囊。第四层是蛋饺，用的是韧性十足的鸭蛋来做皮，蛋饺铺成一圈，中间用四个摆成外圆内方的铜钱形状，寓意当然是招财进宝了。第五层是土鸡肉，铺在蛋饺露出的钱眼里。第六层则是土鸡蛋，环成一圈置于蛋饺之上，最后撒上大把葱花。每上一层必然要猛火加力，码完还需温火慢炖数小时。这道源自民间的"一品锅"，令人想到粤港一带的大盆菜，吃的不仅是荤素相融的美味，还有暖暖的乡情。

乾隆皇帝偶尔尝过，称之为"美味佳肴、堪称一品"，这菜便从此得名"一品锅"。身为绩溪人的胡适先生对它特别青睐，无论在北京还是在海外，都用此菜来款待宾客，久而久之，"胡适一品锅"声名远扬。现在一品锅内食材已然用上海鲜珍品，但来自山野的味道才最让人动容。

## 冠以名家的安徽菜

娱乐节目主持人拿着小卡片在短短一两分钟内读完那么多赞助商，可见冠名这件事是多么重要。印象中的安徽可能颇多穷乡僻壤，谁又知道此地即便是菜肴也跟鼎鼎大名的人士有关。

**洪武豆腐** 又名“凤阳酿豆腐”。据说朱元璋幼时家贫靠乞讨度日，一日在凤阳城内某饭馆讨得一块“酿豆腐”，感到美味无比，便常来讨食。他当上皇帝后便将厨师召入宫中专制此菜，历史上洪武豆腐曾被列为贡菜。在嫩豆腐里夹入猪肉末、虾仁末等，裹上鸡蛋粉糊下油锅炸至金黄色，再用糖醋汁勾芡，如此下功夫必然能成为沿淮名菜吧。

**李鸿章杂烩** 李中堂是合肥人。据说他在1896年赴美访问时，因为吃西餐不习惯，就让使馆厨师用中国菜宴请美国宾客。结果洋人们吃了很久也没有离席的意思，总管禀告说已无菜可上，李鸿章让他把撤下的残菜混在一起加热后端上来。此菜一出众口交赞，美国人问菜名，李鸿章便用合肥话说了一声“杂碎”，于是成就了这道沿江名菜。虽然杂，但材料也都是上等货，海参、火腿、鱼肚全部在列。

## 何处吃

吃一品锅到绩溪就对了，城中的徽商大酒店出产得也不错。如果想吃得更为地道，不妨前往上庄村，这是胡适的故乡，也是一品锅的发源地。龙腾大酒店里可以尝尝这一道，若是赶上村中人办喜事，更能吃到原汁原味。

（左）安徽绩溪，坑口村。CFP 提供

（右下）胡适一品锅。CFP 提供

# 变质的美味

【化腐朽为神奇】

毛豆腐。GETTYIMAGES 提供

徽州境内多为山区，也让徽菜有了就地取材、以鲜制胜的特质。即便如此，其代表作里也常有异类。

臭鳜鱼上了桌，应了徽州菜的重油、重色、重火功，闻起来有些怪，吃起来却鲜香无比。旧时，沿江一带的鱼贩将长江名产鳜鱼用木桶装运至徽州山区出售，为防止鲜鱼变质，采用一层鱼洒一层淡盐水的办法，经常上下翻动。数日后抵达徽州，鱼鳃仍是红色，只是表皮散发出一种似臭非臭的特殊气味。当地人将鳜鱼洗净后经热油稍煎，细火烹调后，“闻闻臭吃吃香”的臭鳜鱼，就这样诞生了。如今它的名字叫做“腌鲜鳜鱼”，但用盐或浓鲜的肉卤腌制的过程，才是成败的关键。

毛豆腐炸了之后与石耳青椒一炒，看不见毛，吃到嘴里跟普通豆腐的滑溜口感很不一样。这个典故，出自于屡考不中的书生。他决心转营豆腐生意，可是天气骤热，只好洒上盐水，勉强存放。几天后，豆腐表面就长出寸许霉菌丝，形如白色茸毛。将它放入油锅煎炸，下锅时毛会竖起来，形成斑斓的“虎皮豆腐”。对于这歪打正着的美味，徽州人很是认真，还根据毛的长短把它分为了四个品种，其中又以最长的蓑衣毛豆腐的色、香、味最佳。

因为有了盐，才让这些食物焕发了第二春。当这道“有味”的鱼和“有毛”的豆腐上桌时，下筷可千万别犹豫了！

## 何处吃

虽然江南的馆子也有这样的徽州名菜，但最舒服的还是到皖南一游的时候吃。走进一栋徽州老宅，在带着水榭的庭院里点上一桌，臭鳜鱼和毛豆腐必然在内，再加上农家自产的香肠、腊肉、土鸡和土菜，添上一壶米酒，足矣。

## 【这些也是徽菜？】

明嘉靖至清嘉庆时期是徽商发展的黄金时代，他们控制着横贯东西的长江商道和纵穿南北的大运河商道，徽商在扬州、上海、武汉盛极一时，上海的徽菜馆一度曾达至500余家，在苏州、南京、杭州等地也占了当地餐饮的重头。

徽商最后的大本营到了上海，从《徽菜、徽厨、徽商对中国烹饪的贡献》一文的描述中，我们可以看到昔日徽菜之辉煌鼎盛。

“就上海徽菜馆而言，大中楼和大中国的拿手菜是炒鳝背、炒虾腰、走油拆炖、煨海参；大富贵的拿手菜是红烧划水、沙地鲫鱼、杨梅丸子；大嘉福的拿手菜是清炒鳝糊、鸳鸯冬菇、菊花锅；大中华的拿手菜是红烧头尾、腐乳炸肉、大血汤；三星楼的拿手菜是红烧肚裆、走油蹄；鼎兴楼的拿手菜是三虾面。”有没有看到如今的苏浙沪名菜？创于光绪年间的大富贵仍在营业，前来光顾的上海人绝不会想到这是间徽菜馆子，而现在仍能在老上海馆子吃到的馄饨鸭，其实也是徽菜来到上海后的改良版。

只可惜上海开埠后，徽商之重头典当业一落千丈，徽商也渐渐退出历史舞台。于是那些当地名菜的鼻祖——徽菜，也被人们抛诸脑后了。

# 八公山豆腐

【凝脂似玉美如醴】

制作中的豆腐和豆制品。CFP 提供

清汤白玉饺，漂于清汤之上的是豆腐饺子，个个晶莹如玉，吃到嘴里如豆花般细腻可口。这是将豆腐先用特殊容器切成圆柱形，再横截成片，包入肉馅做成饺子，然后上锅蒸熟，再投入高汤方才煮成。三十六块整齐排列的原味豆腐，只撒些葱花，另配蘸料，轻夹慢品，着实让人体会到八公山豆腐的细、白、鲜、嫩。豆腐汤堪称“三绝”——热汤上盆，豆腐块漂浮汤上，称“漂汤”；汤呈乳白色，又称“奶汤”；汤鲜如鱼汁，故称“鲜汤”。若非事前知道是八公山豆腐宴，定然以为这是什么高汤呢!

时光倒回两千多年前的一天，淮南王刘安如往常一样，正在北山（现八公山）上与他旗下八位方士共同造炉炼丹。他们用山泉磨制豆汁，想以此培育丹苗，却不慎将盐卤落入豆汁之中，竟制出一堆雪白粉嫩之物。这小小的失误，给世间带来了巨大福音。

八公山古时便拥有“珍珠”、“大泉”、“马跑”等数眼名泉，泉水清澄甘甜。配上淮河流域的优质大豆，令八公山豆腐细腻滑润，质如白玉，托于手中晃动而不散塌，掷于汤中久煮而不沉碎。隔着八公山的淮南和寿县都在为豆腐的发明地而争论不休，但两地却没有停止过将豆腐菜肴发扬光大的脚步，豆腐宴更是汇集了大厨智慧的精心之作。如果淮南王穿越而来，必然会为他的偶然之举对今世的影响而感叹不已吧。

## 何处吃

豆腐是最家常的食材，不过想看看如何将豆腐菜肴发挥到极致，到淮南和寿县都能过把瘾。当然，口感最好的八公山豆腐，还得到山里去吃。位于山区的玉柱楼和凌云楼都可以提供大把豆腐菜肴，不过要吃到“宴”，不预订估计不行。

## 【多少豆腐在安徽】

豆腐已然是全世界公认的长寿食品，倒也满足了淮南王的初衷。在淮南，豆腐已经被轰轰烈烈地做成了产业，与豆腐有关的美食也越来越有登峰造极之势头，甚至从1992年开始就有了一年一度的“淮南豆腐节”。寿县的豆腐宴也不甘落后，108道菜的豆腐宴，几乎让人一下吃遍此生豆腐。豆腐菜肴，至今已有数十个品种，超过400种做法，恐怕连当地人也品尝了不过十之一二吧。豆腐加上淀粉竟然可以吃出鸡肉的味道，也能裹住凤尾虾油炸，还能做出饺子皮水煮而不烂，炸成像猪排一样鲜嫩，如此花样，恐怕以刀功见长的文思豆腐也只能算是小巫见大巫了。

其实，在安徽旅行，无论南北都能吃到好吃的豆腐和豆制品：凤阳出了皇帝也喜欢的洪武酿豆腐，三河镇有鲜嫩的河蚌烧豆腐，芜湖人酷爱煮干丝，合肥人则偏好油炸臭干，皖南人的毛豆腐令豆腐更显风味。腐乳更是四季都能吃到的家庭必备之菜，青方、红方、糟方、火腿腐乳、虾米腐乳、辣腐乳，让一碗白粥立刻有了生气，也会给一碗红烧肉锦上添花。

# 豆腐

[illegible]的常客。论其本身，除了嫩滑爽洁，并无太多个性，却能「以无形行诸百形，以无味吸纳百味」。豆浆遇上卤水是老豆腐，遇上石膏是嫩豆腐。稀了是豆腐花，硬了是豆腐干，薄了是豆腐皮，久了是臭豆腐。撒上小葱，变成了清新的拌豆腐；加入重口调味，变成了浓烈的麻婆豆腐；调上蟹粉，立刻上了高档宴席。

「夫豆腐者，实植物中之肉料也。此物有肉料之功，而无肉料之毒。」孙中山先生这样评价它。这样百搭而又能千变万化的食材，是厨师都爱的拍档，也是家常料理的必备良品。尝过豆腐百味，来上一碗清水豆腐，质朴的味道里更包含了返璞归真的生活哲学。

## | 文思豆腐 |

淮扬菜里，要论把刀功耍到极致，非文思豆腐莫属。豆腐还是那块豆腐，但到了炉火纯青的淮扬菜厨师的案板之上，纵横急切，刀刀分明，眼花缭乱中出来的豆腐似乎没有不同，一入水就发生神奇的变化，这般千丝万缕真的还是豆腐？据说这道菜是由清代扬州天宁寺的文思和尚创制，一个修行的和尚竟然可以成为一代名厨，这其中的奥秘，估计得等你在吃到文思豆腐的时候才能深切悟到。

## | 镜箱豆腐 |

这几大块的豆腐上来，似是经过了油炸，跟家常豆腐的做法似乎也无异，不过看起来倒真的挺像古代妇女梳装用的镜箱盒子。夹到碗里，豆腐上面是虾仁，里头是一包肉馅儿，四面都不破，也是功夫菜。它的“学长”是苏锡一带的家常菜“油豆腐塞肉”。大约70年前，才有大厨突发奇想，将油豆腐改成了无锡特产小箱豆腐（放在小木箱里的豆腐），不过甜口的本质倒是没变。客家人的酿豆腐，也是异曲同工。

## | 豆花 |

只用小铲一划，白白嫩嫩的豆腐就落入碗中，加入榨菜、虾皮、葱花等配料，放上酱油、辣油和各种秘制酱料，又香又鲜。关于饮食的南北之争，大多在吃甜还是吃咸的问题上纠结不已。汤圆是一例，豆花又是一例。北咸南甜，不过豆花吃咸这事儿一路过了江南，又到了西南，比如四川的麻辣豆花，云南的豆花米线。直到福建、台湾和两广，才有甜味的豆花。甜豆花看起来更为细软，加的大多是红豆、粉圆甚至芝麻糊，直接把小吃变成了甜品。

## | 八宝豆腐 |

《随园食单》的杂素菜单里，前9道都是豆腐菜，而且都是以某姓官员为名，其中就有一道王太守八宝豆腐。“用嫩片切粉碎，加香蕈屑、蘑菇屑、松子仁屑、瓜子仁屑、鸡屑、火腿屑，同入鸡汤中炒滚起锅。用豆腐脑亦可。用瓢不着箸。”这最早是康熙的御膳，转赠了尚书徐健庵，但后者还是花了纹银千两才从御膳房把这道菜谱挖出来，然后通过门生接力而流传后世。现在的八宝豆腐，是近代杭州名厨依古方重制，食材越用越高档，豆腐就脱了胎、换了骨。

## | 臭豆腐 |

这样风靡全国各种街头的小吃，闻着臭，吃着香，味道可以飘过几个街区，一些人随风寻觅，一些人赶紧逃开。臭豆腐一般都是油炸，各地色味也有差异，江浙一代是金黄色，长沙的是黑色，不过吃起来倒大同小异，加上辣酱为主的调料就好。台湾的则是表面布满空洞的酥脆，吃的时候加酱油、醋、蒜汁，还得搭配泡菜，大概也算是臭豆腐中的异类了。除了上述的臭豆腐，在北京的王致和你还能买到“京城限定”的北京臭豆腐，以形态来看，与腐乳更为接近，如果你能迈过熏鼻的门坎，这道雅俗共赏的京城特色，也能尝出鲜味。

## | 烧豆腐 |

走在建水街头，随便在一个烧豆腐摊坐下。摊主坐在中间，跟食客隔着一个大铁架子，架子下面是炭火。烧豆腐其貌不扬，是发酵过的深褐色，但经火上炙烤之后，就慢慢膨胀起来，可以到乒乓球大小。夹起来一咬，一股热气冲出，再蘸上干料或者湿料，鲜香可口。一块烧豆腐几毛钱，摊主会在小碟子里放上玉米粒，仍然遵循古老的方式计数。建水著名的大板井，其实是“溥博泉”，用它的水点卤做出的豆腐清香独特，井边的板井豆腐坊和临安路上的勺粉老店，都在《舌尖上的中国》出过镜呢。

## | 麻豆腐 |

如你对北京小吃略知一二，便会了解北京小吃多起源于庶民的因地制宜。麻豆腐虽然带着豆腐的名儿，却是制作绿豆粉丝时的下脚料。喜素食的可选素油炒制，若喜荤食，羊油麻豆腐是不二之选。还可添加雪里蕻、青豆等佐料同炒，端上来再加上喷香的辣椒油，滋味层次分明，口感复杂多变，真是神仙也跳脚。难怪旧时的清贫酒友可就着麻豆腐细品二锅头，耗掉半日时光。另外坊间有传闻，想要接受老北京豆汁儿，麻豆腐是个很好的“入门课程”。

# 福建

福建的山珍与海味并举。闽西北，分割细碎且相互隔绝的山区地理让美味在各自的单元格里原生土长，十里不同味。开放的东南沿海则是中西文化打通血脉的炼场，五味调和，百珍并列。吃和喝，在福建繁杂而讲究。

福建这块土地，东南并海、西北多山，所以山珍和海味，全都“贱如泥沙”。沿海的居民自然有福，潮涨潮落，提篮去海边走走，俯身便可拾得满满海货。东南沿海的菜，清淡、汤水、讲究食材的原味。然而藏在深山的另一半则主打山味，粮蔬菇笋、禽畜肉蛋、鸟兽蛇虫，皆可入馔，口味厚重咸辣。但唯客家菜独具一格。

外地人常认为“闽人不食辣”，其实食不得辣的只是闽东南人。闽南人碰一丝辣就喊辣，福州菜则酸酸甜甜，大抵重糖。但闽西北一带山高水寒，这里的人们三餐不离辣，辣的程度绝不在湖南、四川之下。

南境之地是否“食米不食面”呢？虽说自古以来八闽粮食种植以水稻为冠，但面也吃的，像蛋面、切面，各种以面制作的小吃是琳琅满目。除麦稻之外，还有一个全省共的第三主食——地瓜，出现频率极其高。

福建人爱喝茶，也会种茶、制茶。从走到北，青红白绿各色茶种在八闽大地都找到，各有不同的喝法和讲究，引出一整复杂精细的茶功夫，闽南的“功夫茶”和家的“擂茶”声名赫赫。

地理多样，地气温暖，让福建的食材年四季丰盈富足，因此而衍生出各种不同口味和讲究的烹饪技巧，饕客们为之奔赴不足为奇。对于旅人来说，一路不断变化舌尖味道才是行走的真谛。

戚楼土楼外，居民在晾晒柿子。GETTYIMAGES 提供

FUJIAN 年 月 日 福建

# 佛跳墙

## ——土豪的炖罐，不止是个传说——

能让佛都破戒跳墙来吃的美味岂能不尝它一尝？不过世间吃到它的人实在是少之又少，哪怕是著名“吃货”梁实秋，原本好好写着佛跳墙，写到最后却变成了东坡肉，最终还是没能吃到口里。

为什么难以吃到佛跳墙？大抵是因为名贵。即使在它的故乡福州，普通百姓对这道菜也不熟悉。听说过“坛启荤香飘四邻，佛闻弃禅跳墙来”这句话，也在各种媒体上见过亲王、总统、女王吃过都说好……但翻开菜单，一坛“正宗佛跳墙”2000多元的价格也会让人想弃单而逃。

这是相当“土豪”的一道菜：看得见的入口食材有鱼翅、鲍鱼、海参、花胶、瑶柱、猪蹄筋、鸽蛋、花菇、猪肚等十余种，看不见的调汤材料再来十余种，像凤爪、牛肉这种寻常人家的中高档菜在此菜中已沦为“下九流”，仅用来调底汤，坛中不得见。虽说福建依山傍海，任性到可以将各种山珍海味“乱炖”一气，但各种食材先下后放，炸烧炖煨各用其法，文火武火交替相攻，绍兴酒浇起荷叶封口，每个步骤都有讲究。

当代的“正宗”佛跳墙其实已不算正宗，像鱼翅、鲍鱼这些主力抬价的食材都是后人不断改良添加进去的，尤其鱼翅，并不为现代环保和健康观念所容。原始版的佛跳墙更接近菜单上的“坛烧八味”，它去掉了“没有买卖就没有杀害”的鱼翅，也去掉了海参和鲍鱼，改用土鸡、鸭肫等八种土产，用类似佛跳墙的方式制作，出来照旧荤香扑鼻。而且故事里的“佛跳墙”鼻祖“福寿全”极有可能就是此货，价格也变得相当亲民。

## 何处吃

### · 聚春园驿馆

福州三坊七巷宫巷22号

吃过正宗的才能不被市面上那些滥竽充数的“胶水一坛”给先败了胃口。到了福州，应该去创造出佛跳墙的聚春园吃吃。目前福州有两处：一是鼓楼区东街2号的聚春园大酒店，现代酒楼形式，规模大；二是躲在三坊七巷里的聚春园驿馆，古香古色，别有趣味，但最好提前预约。想要吃在更加豪华的环境中？半山腰上的**宣和苑**（鼓楼区西二环路华侨新村内32号）可以满足你。

（左上）福州新天祥大酒楼，厨师在制作佛跳墙。邹训楷 摄 （右上）福州小吃，肉燕。邹训楷 摄

## 【水水的福州】

“襟江带湖，东南并海。二潮吞吐，百河灌溢。”《闽都记》里的福州今天犹在。在福州城漫步，内河池湖随处可见，闽江穿城而过，茉莉花茶和满城的温泉，内服外泡，把福州人的性格也都浸得软绵绵的，就连菜肴也满桌的汤汤水水。

一般而言，汤菜不管先上还是后上，一桌席面汤菜至多两道。然而在福州，汤菜贯穿宴席始终，常有四五道之多。最能体现福州汤菜精华的恐怕是鸡汤氽海蚌，单是菜名中这一个入水的“氽”字就深得福州水的神韵。这道菜用料极简，看上去就是清可见底的汤加上两条新鲜蚌肉。但汤和海蚌都有讲究，蚌肉一定取自长乐漳港蚌，俗称“西施舌”。久居福州的郁达夫曾对“西施舌”赞不绝口，几百只下肚，称其“特别的肥嫩清洁”。汤看上去像是鸡汤，但其实除了鸡，还有猪里脊和牛肉一同调味，谓“三茸汤”。只留清汤，不留食材。用沸水滚至六成的新鲜蚌肉氽上这滚烫的“鸡”汤，口味的鲜甜和口感的清脆再加上目力上的简单清朗，堪称极品。

除了大菜，福州的小吃——最著名的如鱼丸、肉燕、鼎边糊和线面也都离不开汤水。如果在农历七月半前后来到福州，多往郊区或城乡结合部的村庄里钻，有一种民间的“半段节”热闹堪比春节，饭桌上遇到压轴汤菜太平燕，可是要鸣放鞭炮的。

# 小吃的风情

## 只知沙县小吃 你就OUT了

你可以不知道福建，但你一定知道沙县，知道沙县一定是因为沙县小吃，没准你家门口就有一个。沙县小吃有什么？最有见识的外地人能报出三样：扁肉、拌面和蒸饺。沙县小吃好吃么？呵，算了吧，它只是你在囊中羞涩时又非想吃出点零星花样的“安全岛”。

不仅外地人对沙县小吃这般印象，沙县人对不在沙县的沙县小吃也常嗤之以鼻。为什么，只需亲自到沙县就明白了。一切都在颠覆：那种长得像小老鼠一样的柳叶饺在沙县并无人吃，烧麦才是沙县小吃的正统代表，且沙县烧卖不是外地那种开口朝上皮厚得看不到馅，口感硬邦邦的“硬汉”烧卖，而是开口朝下蒸制，皮薄到透明，主馅为粉丝，每一个都圆滚滚通体透明，如同肌如凝脂的胖贵妃。除此外，扁肉也好、拌面也罢，味道都和外地卖的沙县小吃有云泥之别，品种更是多到惊人。人到了沙县就会重塑对沙县小吃的“三观”，只有在肥姐、阿狗和宝珠这些名字俗到掉渣的店里吃趴过才能赢得“你懂的”般的尊敬。

除了沙县，小吃在八闽大地可谓遍地开花。同样是道扁肉，从沙县吃到福鼎，可以一路不重样。长途车站叫卖的最普通的光饼，至少有十几种马甲。各地都有自己的必杀技，比如到了福州，鱼丸和肉燕绝不可错过；往南一些到了泉州，当地人一定指点你去尝尝面线糊和烧肉粽，晋江安海的土笋冻值得大书特书，但最好不要在吃前仔细观赏。西边的客家小吃花样繁多，单是豆腐就能做上一百道菜。到了厦门，闽南的小吃云集，沙茶面、鸭肉粥……再往南奔到漳州，每个当地人的心里都有一碗私房卤面。

FUJIAN 年 月 日 福建

## 【那些斗胆一试的福建小吃】

有一些福建小吃，需要斗胆一试。

**土笋冻** 来福建一定不可错过的的美食，以安海产的最佳。咬一口，像果冻那么Q，冰冰凉凉酸酸辣辣，实乃夏日一大福利。但它其实是用沙里一种叫做可口革囊星虫熬煮制成的胶质食物。

**鸡仔胎** 即令外国旅行者闻之色变的“毛鸡蛋”，在福建漳州此物作为秋凉后的滋补品颇受欢迎。

**老鼠干** 如果不知道吃进去的是老鼠干，可能吃起来还挺带劲；一旦知道了，任人家再怎么强调“这是田鼠！不是家鼠”恐怕也很难再开金口。可别小瞧宁化的老鼠干，不仅有百年历史还有药用价值，而且供不应求卖得还挺贵。它与上杭萝卜干、永定菜干、明溪肉脯干、长汀豆腐干、武平猪胆肝、连城地瓜干、清流笋干，合称“闽西八大干”。

**海地龙** 你怕蚯蚓吗？这种虫长得有点像增白版本的蚯蚓，但食用起来相当美味，煲汤、煮粥或炒西芹能迅速提鲜，泉厦一带的人们都很爱吃。

**蟛蜞酥** 第一个吃螃蟹的人勇敢，第一个吃生螃蟹的人更勇敢。蟛蜞，是一种只吃素的小螃蟹，大的也就拇指大小。用红糟和高粱酒腌制后生食。用它做成的蟛蜞酱，是福州婚宴酒桌上的必备品。

（左）沙县的栀子豆干。苏薇 摄（上）沙县小吃，烧麦。苏薇 摄（下）沙县小吃，米冻皮。苏薇 摄

## 何处吃

### · 李记沙县小吃

沙县李纲中路（吊桥对面）

沙县小吃沙县吃，到了沙县吃吊桥。所谓吊桥是一个泛指的范围，其实是沙县吊桥对面的小吃一条街，介于府前中路和李纲中路间。据说这里是沙县小吃的发源地，随便找一家都不赖：李记打综合牌，人每天都多；烧麦要吃里面小摊的，阿狗挺不错。

# 红龟粿

## 神仙的供品，闽人的图腾

厦门最著名的商业街中山路上竖着几个巨大的红色模印，外地人看到常纳闷：难不成又是一尊看不懂的奇葩艺术品？它并非臆造出来的形象，而是用来制作一种叫做“Ang Ku Kueh”（红龟粿）的福建糕点的模印。龟被中国人普遍认为有长寿、辟邪的寓意，闽南人更是将这种形象做成食物，“拜拜”时放在供桌上，用来与神灵沟通。如果说龙是中国的图腾，龟则是自命承袭了中原文化的闽南人的崇拜。

腊月二十四，灶王爷要向玉帝打报告了，闽南人选择用红龟粿甜灶王爷的嘴；正月初九拜天公，玉皇大帝还是爱吃红龟粿；正月十五闹元宵，祭供仍少不了红龟粿。红龟粿不轻易出现在闽南人的家里，一旦出现，必逢人生大事件。婴儿满月了，家里要做“猪母奶龟”，龟粿壳上生出一个“乳头”，祈求母亲奶水充盈。乔迁会用到红龟粿。老人预制寿材，出嫁的女儿也要送红龟粿。

红龟粿不仅仅是神灵的供品，更是人间的美味。充分磨研的糯米造就其QQ的口感，红花米使其染为红色，芝麻、花生或者豆沙内馅令其甜蜜，同蒸的香蕉叶或粽叶释放清香。最特别的龟糕印将其打造成不同的形状和纹饰，令其成为一件入口的艺术品。如今，福建甚至上海、北京一些眼尖的咖啡馆或酒吧主人会把民间搜罗来的木质龟糕印当做摆件或者盛器使用，看上去亦十分带感。

## 【红龟粿“变形记”】

红、龟、粿三个字分别定义了这种食物的色、形和料。这种传统的祭祀食物不仅被供奉在闽地数以千计的神明的面前，也被坚信“爱拼才会赢”的闽人带到各地，在不同时空中出演不同的“变形记”。

在厦门，清明前后改吃“草龟”，这是因为加入了一种叫做鼠麹草的植物后红龟变了色。漳州龙海市海澄镇的龟粿馅料不再是传统的芝麻或花生，而是油葱、肉糜、冬瓜糖等，口味咸甜，当地人称为“油拉包”。广东潮汕地区的客家人，也有“龟粿压年”的习俗。在一衣带水的台湾，从南到北都有食用、使用红龟粿祭拜的风俗。台中的太和宫，每年农历四月初一清晨都会举办“新丁龟”活动，人们分发红龟粿来庆祝年内家中新诞了男丁。新加坡当地华人祭拜的供品也是红龟粿，并加入了当地特色的椰油。据说在早期的娘惹社区，红龟粿还拥有一种密码的功能，用形状来暗示新生婴儿的性别。

时至今日，红龟粿的颜色、形状和口味都变得更加丰富，从来只在重大节礼日才能吃到的“特供”如今也可当做下午茶的甜品随时出现。但在闽南人的记忆中，它永远和阿公阿嬷、祖宗、香火和信仰连接在一起，用赤红和甜蜜唤起浓浓的乡愁。

## 何处吃

### · 红发龟粿店

厦门开禾路八市

三十年历史的良心糕点店，除了大小红龟粿，还能吃到各种“道地”的闽南古早糕点，比如豆包粿、炸酥饺、蒜蓉枝、马蹄酥……配着闽南功夫茶吃起来吧，好吃不费就是这个味。

（左）红发龟粿店。苏薇 摄（右上）红龟粿。苏薇 摄（右下）手工雕刻龟糕印的手艺人。苏薇 摄

# 茶

## 【无茶不福建】

对于福建人来说，饮茶并非可有可无，而是一种生活仪式。城里人居家空间再逼窘，茶盘一定占据了比沙发还要重要的地盘。农村人的大厝里，极可能没有电视机，却一定会有茶盘茶具。茶，是闽人日日要打的卡。

爱茶的人在福建不孤单。乌红白绿在福建大地都有生长，且都是优种。日消夜磨，福建人在茶上养成了许多讲究：福州的茉莉花茶特种的名品要玻璃杯冲饮，以观其态，水也不能太烫；也有爱用白瓷盖碗杯的，茶面上再加几朵茉莉花，双窨齐下。铁观音宜用白瓷茶盅，大红袍宜用紫砂壶，闽南人发明出一套繁复的功夫茶，用小盅一杯一口地将苦涩送上舌尖，送至上颚，送入喉间，回出一股浓香。

如果心中有茶，在福建的游走线路会更添精彩。比如到南平武夷山，除了游历世人皆知的大王峰和九曲溪，你还可以花个半天从大红袍悠闲漫步到水帘洞，一路名枞路边生。也去拜访一下高山之上鲜有人去的天心永乐禅寺，大红袍就是这里的寺产。若是对白茶略有研究，就会知道福鼎太姥山，鸿雪洞里的白毫银针秘藏千年。安溪也许不是大众热点，但确是爱茶人的心头好，村村风光如世外桃源，户户可能藏着一位“茶王”。最开心莫过于当季入村学茶农自采自捻新茶饮下，再揪点嫩茶芽尖拌着土鸡蛋炒香。若是碰上村间斗茶，那更是三生有幸，几泡下去，幸福到云端。

## 何处吃

### 古厝茶馆

泉州后城旅游文化街122号

茶肯定不是最好的，但气氛一定是最的。坐在闽南老厝的天井里泡茶，隔壁桌老人家正在讲古，有时还能听见古老的音。这正是在闽南要寻找的感觉。更想对大红袍进行一番"溯源"就去武夷山景区岩谷花香慢游道大红袍母树下的天第一蛋。这棵声名赫赫的树下，一间连接地灵气的草堂，坐在其中的一杯大红茶是不能再正宗了。哪怕喝不起茶，总也可吃一粒岩茶煮的蛋。

（左上）漳平水仙茶干茶及茶汤。崔建楠 摄（右上）高山云雾绿茶。崔建楠 摄

**崔建楠**

《问茶六记》作者

福建画报社社长、总编辑

走到哪儿就喝哪儿的茶，这才是该干的正经事。福建的茶地图大致是这样：白茶、绿茶、红茶在闽东（宁德、福鼎、福安），白茶、红茶、岩茶在闽北（政和、武夷山），铁观音在闽南（泉州安溪、永春，漳州平和）。其中最知名当属武夷岩茶和安溪铁观音。

### 何谓禅茶

"茶"字拆开就是"人在草木间"，这个字本身就充满了禅意。通俗地说，庙里的茶都叫"禅茶"，禅茶肯定不是始于武夷山，但武夷山的禅茶一定是中华禅茶的一个高峰。武夷岩茶的名品大红袍历史上就是天心永乐禅寺的寺产。儒佛道三教同山的文化、秀甲东南的碧水丹山和馥郁甘醇的岩茶共同绘就了绵延百里的武夷茶画卷。

### 大隐的好茶

白茶世人知之甚少，绿茶在浙江的名气很大。但福建是白茶的原产地，绿茶的种植也很早。福鼎太姥山的绿雪芽"如银似雪"且有药用，福州的青花盖碗茉莉花茶试试看，香到萦口半日不绝。

从北境到南疆，从古时到今日，茶一直都陪伴着中国人的生活。开门七件事，柴米油盐酱醋茶，缺了茶，凡人只剩下俗命，缺了那点提神的魂。喝茶，喝的不止是那杯苦后回甘的水，喝的还是一方水土一方人。

图片由 GETTYIMAGES 提供

## | 淡中寻味：绿茶 |

淡中寻味，正是绿茶的妙处。在发酵茶还没有点开人们的味蕾之前，绿茶已经在中国人的杯中氤氲了千年。嫩芽摘下，高温杀青，让鲜叶中的氧化酶不再有作用，茶生长之处的风土被牢牢锁在青绿的叶片中。饮时投水，春色即来，绿茶是最贴合中国山水清雅缥缈意境的饮品。

中国的绿茶，分布极广。最负盛名的品种多在西南和江南产区。西湖的龙井，以炒制香取胜，不同于其他茶源产地孤僻隔绝，龙井产地离人间烟火甚近，旅行者大可以身处其中。洞庭山的碧螺春，单名字就报来春的气息。因为生长在果林中，吸附独特的花果香气，鲜嫩异常，以至冲泡方法也不同于别的绿茶，先注水，再落茶。安徽六安瓜片，由单片鲜叶制成，在中国古今茶史上绝无仅有。同样皖产的太平猴魁，初见简直吓掉下巴，叶大如菜，但泡之有独特兰香，且浓郁耐泡。

绿茶，最宜吃茶处是在天地草木间，求的是自然和人生的一份大自在。

## | 漂洋过海：红茶 |

Keemen Sweet Candy Scent，是英文中特别为中国祁红的“祁门香”而创造的词组。这是一种怎样的香气？花香、果香、蜜香，甚至有人说，喝出了玫瑰香。这是属于私人的品鉴，大可各人说各味。但制作祁红的工夫确实在中国红茶中独步。

红茶与绿茶的区别，在于制茶的工艺中跳过杀青，插入萎凋、揉捻、令茶叶充分发酵至八九成，茶多酚氧化成了茶红素，把一杯茶色由青绿变为红亮。这延长了的发酵过程，添加了许多变化的因子，让红茶的口味变化多样。

滇红、湖红、建红、宜红，茶人各有所好。但凡提及红茶，都不能绕过正山小种。它的英文名字透露了它的工艺上的特别之处——Lapsang souchong，福州话“松明熏小种”的音译，用马尾松烘熏茶叶，让正山小种有了桂圆香和松烟香。

历史的选择让桐木关——这个偏僻的闽北大山里因缘巧合生出了正山小种。一次工艺上的意外让红茶诞生，又一次意外让一个叫福琼的英国人从这里带走了红茶的秘密，不仅加糖加奶塑成了“英式下午茶”的海外图腾，还就此改变了红茶的命运和世界贸易的格局。

## | 功夫以待：青茶 |

青茶又叫乌龙茶，其发酵程度介于绿茶与红茶之间，金汤红边，口味上有着绵延的浓香。从时间上看，乌龙在先，红茶在后。从地点上看，乌龙茶和红茶发明在同一个地方。有理由相信，乌龙茶的发明极可能是因为一次制绿茶的“乌龙”事件。

乌龙茶的产地相对集中，主要分布在闽、粤及台湾。安溪的铁观音是闽南乌龙的代表，武夷山的岩茶则是闽北乌龙的菁英。只消在这两地走一趟，就能感受到浓浓的茶乡风情。武夷山的大红袍、水仙、肉桂……个性十足，“岩韵”撼人。安溪的农户居所，大多仍保持着门前晾青、一楼制茶、二楼居住的格局。到了茶季，村村斗茶，精彩纷呈。在“邻居”潮州，有一种叫作凤凰单枞的乌龙茶是当地人日不能离的香味，它的轻灵与岩茶的厚重相映成趣。追随着移民的足迹，乌龙茶树也在海峡对岸的台湾生长。从发酵度低的文山包种，到发酵度高的东方美人，再到高山之上的冻顶乌龙，各具风味。上述这三地又联手弘扬了一种叫做功夫茶的冲泡方法，家家户户真正是“倾身事茶不知劳”。

## | 白茶、黄茶与黑茶 |

年轻人可能用过伊丽莎白·雅顿（Elizabeth Arden）的白茶乳液，却不知道白茶为何。白茶，从工艺上属于轻微发酵茶，在感觉上则更接近“大茶无味，真水无香”的状态。今天的白茶只在福建、云南有产。又在福建分为两路，北路福鼎，南路政和，以白毫银针和白牡丹最为著名。如果有机会去探访太姥山，不妨顺探鸿雪洞顶的宝物——绿雪芽古茶树。发酵程度略重些，就是黄茶。黄茶如其名，汤黄叶黄。湖南的君山银针、四川的蒙顶黄芽、皖西霍山黄大茶都是名品。

与白茶相对，走向另一极端的是黑茶，口味至重。近年来最被熟知的可能是云南普洱茶，大益字样的茶饼四处可见。西双版纳以澜沧江水为界，茶区分为两片，茶性也不同：江东易武温柔、江西勐海刚烈。世人喝到的多为熟普，以为普洱就是那浓重的陈年旧味，其实生普颇为清冷刚劲。完成从生到熟转变的关键工序叫渥堆，让茶性从刚猛转为平和厚重，实在像极了人生。黑茶，是边陲之地颠沛流离的路上岁月渥出来的时间味道。

# 台湾

狭义的台湾菜其实和福建菜一脉相承，蚵仔煎、润饼等都能在海峡的对岸找到源头，也能被称为台菜。一些以地区冠名的美食，比如福州面、四川牛肉面和蒙古烤肉其实都是台湾独创。蒙古烤肉是吴兆南于1951年发明的，这个台湾著名的相声演员来自北京，原本想要取名为北京或北平烤肉，但在那个时代，名正言顺的思念家乡可是政治不正确，会被国民党认为是“共匪”，于是取名蒙古烤肉，离北京越远就越安全。

1949年以后，大批来自大江南北的中国人被迫齐聚小岛之上，带来了家乡的各种口味，混合成难分难解的滋味。台湾的眷村拆的拆，改造的改造，这段历史早已经翻到了下一页，但味道是不容易消失的，到台北还可以去尝试所谓古早家常的眷村菜（陆光小馆），不少还装修得会让神经敏感的人看得义愤填膺呢。

在中国所有的菜系中最难定义的肯定是台湾菜。历史，过去的、不远的、当下的，能说的、不能明讲的，造就了广义的台湾菜——能在台湾吃到的菜肴。

台湾受日本殖民统治50年，因此台湾是品尝日本料理的最佳所在，台湾的日料可用“三高”来形容，即品质高、性价比高、种类高。作为发达的国际大都会，台北也能轻易接触到五花八门的各国料理，价格、品质和服务都比大陆一线城市的绝大部分餐馆合理、精致和优良。这几年，台湾走上小清新之路，咖啡馆和面包房比比皆是，你能在永康街、东区的小巷弄里，遇见那些赢得国际大奖的咖啡师、面包师傅，自娱自乐地经营着自己的春天。

头的卤味夜市摊档。CFP 提供

# 台湾牛肉面

## 【滋味外的美丽与哀愁】

抵达台北先来一碗牛肉面，让体内储满了这座城市的能量，离开前再来一碗，让自己还没离开就定下归期，台湾的牛肉面就有这种的魔力。不只旅行者，不少离乡背井的台湾人，一回家，就先用牛肉面浓郁的汤汁暖暖胃。

不少人和台湾牛肉面的初吻，来自某师傅的方便面，可见牛肉面的地位及名声在外的影响力。和台北人说起牛肉面，每个人都有他的口袋名单、钟爱的口味及评鉴的权威性。台北甚至常年举办国际牛肉面节，而为了将牛肉面推上国际市场，还取了一个不中不西的官方音译名——New Row Mian，台北车站内的购物商场设有牛肉面竞技馆，得奖名店齐聚一堂，环境和服务更为食阁化，方便来自世界各地的旅行者以更轻易的方式来接触这最庶民的暖胃美食。但知情人透露要尝试更为原汁原味的出品，一定要到总店去，这些老店人声鼎沸香气四溢，饭点时间大排长龙，往往更有吃的气氛。

传统好滋味的背后总有故事，而这些情节正是美食的佐料，你饱尝的还包括一碗文化、一盘历史，甚至是一缕缕的美丽与哀愁。川味牛肉面（也称为红烧牛肉面），可谓台湾的发明，大陆其实并没有这口味。1949年国民党迁台以后才出现的川味牛肉面，据说是眷村四川籍老兵的发明。经过历史学家逯耀东的考据，高雄冈山的老兵利用了当地盛产的豆瓣酱和黄牛，烹煮出所谓的川味牛肉面，红彤彤微辣的汤汁盛载了四川的记忆，鲜嫩的黄牛肉则是就地取材，故乡和异乡共冶一炉，成就了一碗碗毫不起眼的百味杂陈，更浓缩了比味道还动人的前世今生。

## 【一种牛肉面，N种版本】

更为广义的牛肉面，除了经典的川味，其实还有各种不同的版本。男孩喜欢重口味的红烧，而女孩更喜清爽的番茄或酸菜白肉。红烧牛肉汤面是穷学生或无时无刻惦念着减肥的女生的救命稻草，无肉不欢的食客记得点红烧牛肉面，一字之差，谬之千里，前者只是汤面，后者才会加上牛肉，最高大上的选项莫过于半筋半肉。喜欢清淡点的可以尝试清炖牛肉面，味道类似西北的牛肉面，台北史记和廖家都是清炖牛肉面的拿手面家。除了汤头，你也能选择粗面或细面，粗面能品尝到面的口感，细面则能裹起汤汁，更为可口。

何谓一碗百分之百的牛肉面，不同食家有不同的标准，有人认为面条的粗细必须和汤汁浓郁度达到完美融合，有人认为汤底一定用大骨熬出一定时辰的鲜美。近几年，端不上台面的平民美食也有了高大上的版本，有店家推出据说用三国牛肉烹制而成的万元"元首牛肉面"，那当然只是贵妇土豪们的喜爱。

## 何处吃

### · 永康牛肉面

台北金山南路二段31巷17号

已经有超过40年历史的永康牛肉面，位于文青扎堆的永康街区，最早是永康公园里一个排档式的小面摊。老板采用自制的家常豆瓣酱熬汤，深受街坊欢迎，不少人认为这是较为地道的川味牛肉面。饭点时间经常大排长龙，但翻桌颇快。同样人满为患的还有**林东芳**（台北市中山区八德路2段274号，周日公休），破旧的店面内藏货真价实的好味道。

台北车站的牛肉面竞技馆。叶孝忠 摄

# 卤肉饭

【吃下幸福感和饱足感】

如果去台北，想卤肉饭时就去金峰，这家简陋的老店就专卖一味。在台湾卤肉饭虽到处可见，但行家们建议要吃到品质好的卤肉饭，就只能去专卖店，只做那么一味，炉火很难不纯青。

“最简单的东西，往往最难做到好，卤肉饭的例子便是。”台湾旅人作家舒国治这样形容卤肉饭。做法极为简单，但要吃到一碗能令人哭的卤肉饭（罗志祥用来形容基隆庙口31摊的卤肉饭）并不容易，制作精良的卤肉饭浓郁的卤汁和油脂能包裹着粒粒米饭，而不是马上就沉到碗底，肉丁也必须是带有肥瘦皮的层次。当然个人口味不同，讲究吃得健康的人或许会逼自己去喜欢只有瘦肉的卤肉饭。

卖相单薄，多少也透露了卤肉饭的平民身份，因此以卤肉饭起家并已经扩展到海外的台北著名连锁店“胡须张”于2012年开始涨价（小碗卤肉饭由33新台币涨至35新台币，一般的卤肉饭价格在25新台币左右），就引起一番热议甚至罢吃，认为它偏离了平民美食最基本的价廉物美原则。结果胡须张在短短17天后调回原价，董事长还得亲自向民众鞠躬道歉。

正如香港的猪油拌饭，卤肉饭也有一段不堪回首的窘困过往。物资匮乏时代，肉是奢侈品，只有逢年过节才有顿难得的大鱼大肉，而将猪肉切成丝或肉丁，再加酱油、香料及冬菇炖煮成卤肉汁，并浇到米饭上的做法让一般老百姓也能轻易过上“好日子”，卤肉的分量不多，但十分好下饭，饱足感和幸福感兼备。现在台湾人吃卤肉饭，吃的或许是一种对过去辛酸岁月的怀想。

如果你在台湾菜单上看见“鲁肉饭”，那其实也是卤肉饭，鲁是一个积非成是的字，可千万不要像米其林指南一样想当然，把台湾鲁肉饭说成是源自山东的出品，贻笑大方。

TAIWAN 年 月 日 台湾

## 卤肉饭里的南腔北调

台湾南部人对台湾北部的卤肉饭意见颇多：这哪是卤肉饭啊。卤肉饭虽然只是一种日常小吃，但其实南北口味都不一样，在南部卤肉饭被称为肉燥饭，卤肉都是肥肉，好吃但令人感觉到重重的罪恶感，口味也偏咸。而北部的卤肉则肥瘦相间，或许是因为台北人这几年吃得更为健康的缘故。卤肉饭也会配上一两片的腌瓜，这能起到解腻的作用，不少人也会搭配一碟卤白菜和烫青菜等，这样就更为清爽了。

台湾的快餐店和餐馆也会供应卤肉饭便当，但吃卤肉饭，环境越是简陋越能品尝出这庶民食品的精髓。市集和夜市是品尝卤肉饭的绝佳场所，一小碗的令人意犹未尽，吃了还有肚量容纳其他美食。一般以售卖卤肉饭为主的夜市摊位，也会兼卖其他如卤蛋、卤笋干、卤白菜及肉汤等小吃，让你吃得更爽一点。

卤肉饭的分量其实颇适合独自细细品味的，也是独自旅行者的最佳选择，但一群台湾人聚会，每人来一碗卤肉饭，立马就能提升聚餐的快乐指数。

（左）夜市上的卤肉饭摊档。GETTYIMAGES 提供（上、下）卤肉饭。林宜屏 摄

## 何处吃

### · 金峰鲁肉饭
台北罗斯福路一段10号

若要台北朋友推荐一家吃卤肉饭的馆子，十之八九脱口而出的就是金峰。位于台北中正纪念堂附近，这毫不起眼的快餐店对旅行者来说位置更是“就脚”。小碗卤肉价格为亲民的25新台币。营业时间由早八点至次日凌晨一点，可以考虑来碗宵夜了。在东门市场内，还藏着一家毫不起眼的**东门城卤肉饭**，在庶民气息浓厚的地方，才能品出卤肉饭的真味。

年 月 日
台 湾

# 夜市

【去台湾的唯一理由】

走入台湾夜市，就算已经让晚餐撑死了，但看见那么多向你大抛媚眼的台湾小吃，你还是会把持不住“过了晚上10点不应该进食”的养生教条。台湾几年前曾对外国游客进行调查，结果显示夜市已经成了游客到台湾的首要目的，甚至超过台北“故宫博物院”，可见市井文化的无穷魅力。

夜市讨喜的原因不外是因为它包罗万象，绝对能为你台湾一夜的口福带来惊喜。一般规模较大的夜市有上百个摊位，因此摊主之间的竞争十分激烈，往往得想出新鲜点子才能出奇制胜，因此夜市也是创意台湾小吃的摇篮，台中的逢甲夜市就是以创意闻名全台湾的。除了吃之外，夜市也是购买小商品、伴手礼的好地方。

早年夜间娱乐活动匮乏，因此夜市才应运而生。传统夜市主要聚集在人流集散地的庙宇，并向周边扩散开来。因此不少小吃摊是以庙口、庙前等来命名的，著名的基隆夜市，也称之为庙口夜市。

随着观光客人的增加，不少夜市进行了规划并改善了餐饮卫生等，但古早的乱七八糟韵味全失，士林夜市就是一个典型的例子，它虽然深受游客的欢迎，但若你让台北人推荐一个必逛的夜市，鲜有人会推荐士林，他们也会坦诚地对你说：“好多年都没去士林夜市了耶。”

## 何处吃

### · 辽宁街夜市

台北辽宁街
（捷运南京东路站）

这个位于市中心的迷你夜市，服务的大多数都是当地人，因王家卫的《春光乍泄》在这里取景，因此它也成了影迷们必访的夜市。夜市附近也有不少售卖台式海鲜小炒的小馆子，食客在摊位前挑好海鲜，交给厨师加工即可。这类小炒店价廉物美，因此深受当地人的青睐。

（左）台北夜市，蚵仔煎。GETTYIMAGES 提供
（右上、右下）台北夜市的摊档。GETTYIMAGES 提供

## 【全台最佳夜市】

### 台北宁夏夜市

宁夏夜市素有台北人之胃的美称，虽让当地人批评过于为游客服务，但这里依旧是美食云集之地，著名小吃店包括刘芋仔蛋黄芋饼、料理长胡椒虾和环记麻油鸡等。

### 台中逢甲夜市

约有200个摊位，台中的逢甲夜市可谓台湾夜市之王，不少人就为了逢甲而将有点无聊的台中编入行程中。不少著名的创新小吃发源自逢甲夜市，因此食客每次都会有新发现。

### 台南花园夜市

共有约400个摊位的花园夜市可谓夜市的巨无霸，一周仅二、四、日营业。必吃美食包括七佳的蚵仔煎和炒米粉及杰旗鱼黑轮等。

### 宜兰罗东夜市

宜兰地区最大和人气最旺的夜市。周末的罗东夜市最为热闹。宜兰是三星葱的产地，因此你会在夜市上发现大量的葱油饼摊位，最著名的一家名为义丰葱油派。

### 基隆庙口夜市

历史悠久的基隆庙口夜市是24小时营业的。必吃美食包括一口吃天妇罗、9号摊位的炭烤三明治、40号的大面炒花枝羹。

# 夜市

尽管由于市政管理，台湾和东南亚那样管理规范的专门的饮食夜市和小吃中心在中国大陆可以说是罕见的，但中国人对饮食的热情是什么规矩条件都难以阻止的，即使是寒凉的东北西北，夏天夜晚仍然会涌现出大量的饮食摊来。人们从四方蜂拥前来，享受那些并不精致的食物和啤酒，轻而易举就拥有了豪爽的感觉。

**| 喀什噶尔 |**

这可能是全中国最具异域情调的夜市，它正对着宏伟的大清真寺，所有摆摊的都是高鼻深目的维吾尔族人，金黄色的抓饭上堆着羊头、羊腰和羊肉，肉感十足香气四溢的烤串，需得配上冰甜的奶油冰激凌才有中亚的情趣。当然别忘记盛夏的甜瓜和无花果，那种软润甜糯的质感，是输往内地的品种所不具备的。

**| 张掖 |**

并不是说兰州那条漫长的张掖路夜市，而是河西走廊里甘州张掖市。每到夜晚，甘州市场到钟楼下就人来人往到深夜，除了西北都普遍能见到的那些玩意，你不能错过的一个是炒拨拉，羊杂加孜然等各种西北调料进行炒制，适合重口味；另一个是鱼面，是把面搓成小鱼状的本地风味拌面，要碗甜甜的杏皮水，配面刚刚好。

**| 韩城 |**

你会傻眼于一个黄河边的小城市会拥有如此巨大的夜市，成行成市人山人海的规模被很多人怀疑可能是中国之冠。记得要吃踅面，人们开玩笑说它是世界上最早的方便面之一。荞面和白面烙成饼，晾干切丝，在汤里焯过，拌上各家秘制熬出的辣油，是很多关中人的念想。

GETTYIMAGES 提供

## | 开封 |

如果你对白天的开封失望，那么夜晚开封夜市的繁荣会以为自己是回到了水泊梁山，好汉聚京师：灯红酒绿的满城夜市都是好吃的汉子和女侠。规模最大的鼓楼夜市有排队很长的小虎凉粉，不想排队，可以买个吊炉烧饼尝尝。西司夜市相对没有那么游客化。

## | 上海 |

从前平凡不知名的肇周路忽然变身成为浦西最有名的夜宵一条街。上海传统早餐中的所谓“四大金刚”（大饼、油条、粢饭、豆浆）在这里成为人气最高的选择，生煎也吃得到。深夜你可以跟朋友来个甜咸豆浆之争的拌嘴，喝完后走十分钟就到新天地，又是魔幻上海的另一张脸孔。

## | 汕头 |

到汕头，你最好住在龙眼路附近。从傍晚六点开始，这条路满满当当的排档和餐厅全部华灯绽放，成群结队摆着的海鲜似乎看不到尽头。卤味、铁板烧、海鲜、猪杂粿条、粿汁、鱼饭、牛肉、潮式肠粉、各种粥糜等潮汕名吃都能找得到，不要忘记去吃长平路和龙眼路口的那家猪肚面摊，肉润汤甜，让你结结实实领教潮汕人处理猪杂的功力。

## | 广州 |

河南（珠江南岸）的宝业路是你在这个大都会还能寻到的最大规模的排档集中地之一。满街路边小店，炭炉焖煲，新鲜河鲜、海鲜、冰镇美食和烧烤家家都有，这感觉才应该是广州，不过如今却很难在市中心那些黄金地段重现了。

宝业路不仅有第一间开到天光的夜宵排档，街边一些小吃如碗仔翅也在全城做出名声开出分店。凌晨一两点才是它热闹的时辰，但最近的修路使得这里人气大损。

## | 九龙 |

在香港地租房租飞涨的今天，很多“贵”地段的大排档不得不迁址或结业。被视为平民区甚至贫民区的深水埗反而还保留了市民传统的饮食方式，甚至TVB也好几次到这儿的“老友记快餐店”取景，看中的就是这里夜晚街坊吃着烧串喝着啤酒的热闹劲儿。所有粤式排档和茶餐厅的饮食都能在这儿找到，甚至还有驰名其他区域的“卖猪仔”烤乳猪。

## | 南宁 |

这个几乎是热带的城市拥有满城的夜生活，只知道去中山路吃夜宵的话，你只能算是个南宁新客人（但也足够你吃无尽了），一旦去水街、农院路和南铁去吃过夜宵，你才会明白原来南宁的夜晚是根本不可能吃尽的。不管哪条街，生榨粉、沙煲螺、炒粉虫等都足够好味。

## | 乐山 |

根本无法推荐乐山的张公桥夜市哪家店好吃，这里就是川西坝子上的美食发动机，传统的麻辣烫、跷脚牛肉、甜皮鸭、钵钵鸡和乐山烧烤威风不减，新吃法新美食也在新崛起。不要凭记忆和过往的推荐找店，跟着人潮进店就对了，乐山人好吃的品位不会让你失望。

# 陕西

陕西少有那种精雕细琢、讲起工艺便可滔滔不绝的名菜。主打的还是面食和小吃，但种类繁杂到难以尽数。陕西人对吃的热情在西北，乃至整个中国，都有极大的名声。

陕西人可以把平平无奇的面做出“花”来， 煎炸蒸煮烙烤，都有让人眼花缭乱的复杂。也有如“油泼辣子一道菜”一样“不讲究”的名吃。当你进入任何一个陕西本地人的家庭，会发现餐桌中间永远有一罐红油辣椒，他们把面、辣椒、猪牛羊肉这几种简单食材，做出了极为丰富的组合搭配。

陕西饮食因地域不同也各有特色。关中地处平原，号称“八百里秦川”。因多事农业，“求饱”也决定了关中饮食多为面食。其中的代表是biang biang面，和名扬纽约的“Chinese Burger”（中式汉堡）——肉夹馍一样，已成为陕西的饮食标签。此外，牛羊肉泡馍也是闻名全国的名食。对于那些“剑走偏锋”的内脏爱好者，葫芦头（猪大肠）会让你乐而忘返。

在陕北，人们想着法儿用面“变戏法”。他们深谙各种烧饼的制作，皆因这是他们一天中不可缺少的食物。此外，洋芋擦擦、面饸饹也是常见的面食，裹上面粉的土豆摇身一变成洋芋擦擦，无论是浇上蒜汁是加上辣椒煸炒，都能让你不由自主吃上大碗。

秦岭以南的陕南，因为冷空气被秦岭隔，气候温暖湿润，主食多以米饭为主，食习惯也更接近四川。陕南人的厨艺巧手变，尤其擅长腌菜和熏肉。当地腌菜种类富，口味以酸为主，既可单独成菜，又能为炒菜的辅料，最出名的浆水菜在整个陕西都极具口碑。

安，吃面的老妪。GETTYIMAGES 提供

# 岐山臊子面

【古老北方面食的传承】

在西北地区，如果想过个有传统意味的生日，长寿面是必不可少的“餐桌头牌”。面定要是手擀面，煮出来才香滑可口，配料则要酸辣适中，面上配以各种肉丁、菜丁浇头。这种外人看来制作略嫌麻烦的面条，是陕西地区每到生日或恰逢节日时，用来款待家人的妙食——生日时吃叫长寿面，平时就是你熟悉的臊子面（也名哨子面）。据说从周朝开始发源于岐山的臊子面，算下来有3000多年的历史，若传闻属真，这可算得上是中国传承最长时间的主食制法之一。整体而言，臊子面注重汤料，汤浓却不能黏稠，先盛汤再捞面，汤多面少。当地人品评岐山臊子面有九字真言“酸辣香薄劲光油煎旺”，然而对旅行者来说，其实只要享受你面前的这一碗便好。如果你喜欢较真，去同时问几个岐山人哪家臊子面好吃，搞不好他们会为谁家多加一点醋而认真地吵起来。

臊子面在整个关中地区都有很大影响。走入三秦大地，挂着岐山臊子面招牌的面馆满地皆是，其实除了臊子面之外，店内也售卖各种美味的陕西面食，如肉夹馍、凉皮、烩麻食、饸饹等。小二的吆喝，大声聊天吃饭的不讲究，甚至贴着报纸的墙壁，这一切都能显示出大西北的豪气。

## 何处吃

### · 岐山北郭民俗村

这是一个以臊子面为主题的民俗村，首届岐山臊子面大赛一等奖的金字招牌捧红了郭秀丽，她在北郭民俗村路东第一家。这里的餐馆以套餐为主，价格不高。如果你对那独特的酸辣味情有独钟，农家醋、油泼辣子和臊子肉都有外卖包可以带回家。臊子面是陕西最为普通的小吃，每个当地人心中都有自己的最佳选择，在关中地区旅行时，看到当地人多的面馆，进去总是没有错的。

## 【在陕西不得不尝的面食】

无论是陕北、关中、陕南都有其特色面食，品种繁多，足以让你失去方向。品尝陕西面食才是旅行的重要部分。

**油泼面**

油香、辣香、面香，最常见的陕西面食。

（左上）西安回坊，制作肉夹馍。GETTYIMAGES 提供（右）西安回坊，制作扯面。CFP 提供

## 腊汁肉夹馍

记住，肥瘦相间的才是口感最好的肉夹馍，除非你喜欢纯瘦肉的“干柴”口感。

## biang biang面

超宽面条超大碗，一根面条就能吃出关中气派，某些店内，如果你能一口气写出这个字老板可能会免单哦。

## 荞面饸饹

在韩城必尝的面食，荞面的清香、饸饹现压现做的方式、羊肉臊子的酥烂是味美秘诀。

## 麻食

一种手搓的形状很像意面的贝壳形面食，以烩炒为主，如能吃到当地人家里的就更美了。

# 羊肉泡馍

## 肉软不糜、滋味甜美的汤食

在西安，若你有机会去当地朋友家做客，便可欣赏在餐馆已不那么常见到的“老陕”式吃泡馍：手上掰着坨坨馍，嘴上谝着闲传，大碗咥着羊肉泡，头上滚滚冒热汗。这根植于陕西人基因里的美食，已有超过千年的历史。店家用优质羊肉或牛肉、牛（羊）骨，配以花椒、大料、草果、桂皮等调料，混入将坨坨馍掰成拇指头大小的碎块，整合出一碗优质羊肉泡馍。

掰馍也是一种独特的美食体验：进一家泡馍店，店主会问你是否要自己掰，周围无论多么粗犷的西北大汉，在羊肉泡馍店都会拿着坨坨馍慢条斯理精细地掰成若干小块……但现在所有的店面都提供机器绞馍服务，不少陕西人去泡馍馆，也已经懒得自己掰馍了。但是对于吃家来说，自己掰馍则是不可缺少的一道工序。你可以像他们一样：用手指掰馍馍至食指指甲盖大小，莫要用指甲掐，也不要把馍捏得太死，慢条斯理地享受这接近半小时的“当地体验”。

吃馍的时候把辣子酱铺在上面，最好从一边“蚕食”，以保持鲜味，当地人认为这样可以保持鲜热之气不散。泡馍中的辣酱糖蒜都是讲究之物，辣酱并非西北常见的油泼辣子，而是红辣椒、盐与高度白酒一起腌制而成，酒曲清香与辣味的结合，让荤味十足的泡馍清爽起来。配上糖蒜，更是风味十足。泡馍的吃法有四种，分别叫作单走、干拔、口汤和水围城，汤水量依次递增。单走是羊肉汤和馍分别上桌，将馍掰入汤中吃，最后再喝一碗汤的吃法。其余三种都是需要将馍放入汤中煮制的，汤最少的叫干拔，也叫炒馍。

（左上、右）西安的泡馍店。CFP 提供

## 何处吃

### · 西安回坊

在西安回坊，有许多泡馍店，老孙家、同盛祥是比较出名的老字号。当然还有很多不太出名的小店，同样美味。在西羊市街的老安家“陕西第一碗”是众多本地人的选择，尤其是他家的小炒馍广受赞誉。此外湘子门的小炒馍，也是回坊之外的有名店铺。

### 【如何吃得像个“老陕”】

走进泡馍店，不用看墙上的菜单，如果吃不惯羊肉的膻味就果断选择牛肉，直接对老板说：“来一碗泡馍，羊（牛）肉的，优质，再来一瓶冰峰（西安当地的橘子味汽水）！”泡馍还有一种吃法叫“小炒”，是直接用油泼辣子和醋炒出来的，比泡馍多点酸辣爽口的口感。如果你能冲着服务员喊一声：“来碗小炒！”，那你也基本跟得上“老陕”改良泡馍的节奏了。

# 面条

从南到北，由东到西，「哧溜哧溜」之间，面条在中国人的餐桌上占据重要一席。找寻坊间流传的「中国十大面条」，你会发现这些——北京炸酱面、河南烩面、山西刀削面、兰州拉面、四川担担面、武汉热干面、杭州片儿川、昆山奥灶面、镇江锅盖面、延吉冷面。不过，就凭面条在中国超过四千年的历史，我们忽然想任性一下，再给你的「吃货榜单」上加点量。

**| 油泼辣子面 |**

“油泼面夹一口，香得发抖”，黑撒乐队的歌里这么唱。事实上，当你听到滚油泼到调料上的那一声响，恐怕每个毛孔都会抖上三抖。在陕西，这是最家常的一道面食，也能考验一个主妇的手艺。葱花、蒜末细细切来，面要自己揉自己擀，干辣椒要粗细大小合适，油泼之后要加点儿醋——不必下馆子，每个陕西妈妈都能做给你吃！

**| biang biang面 |**

这个复杂的汉字，字库没有，还需要用一首儿歌来描述：面条比皮带还宽，端起面碗就能盖住你的小脸，无论你要二两、三两、四两，永远只有一根面条，这样的气派只怕是关中才有。更厉害的是，即使一个苗条的西安姑娘，也可以瞬间吃完一碗。

**| 新疆拉条子 |**

一念这名字，一种西域感油然而生。这面条不是用轧也不是用擀，而是一根一根手工拉出来的，它也是所有新疆拌面的统称。维吾尔族人民把这简单的面条做到了极致，配菜虽然都是用牛羊肉来炒，但几乎用上了所有可见的蔬菜——白菜、辣椒、茄子、番茄、蘑菇……发展到后来，连大盘鸡这样的名菜也成了拉条子家族的一员呢。

## 岐山臊子面

一碗简单的浇头面，却和遥远的商周时代做了连接，虽然出自宝鸡，却风靡关中。

## 重庆小面

在重庆民间，每年都有小面的50强评选，火辣辣的小面，吃的是满满的江湖气。

## 贵州肠旺面

能把内脏做得让人想念，贵州人最为拿手。肠是猪大肠，洗净加料炖煮，越肥越香；旺是猪血切片，滚水余熟，又嫩又滑；面是黄澄澄的手工鸭蛋或鸡蛋面，吃口爽脆不粘牙。用五花肉或猪颈肉丁熬到酥脆的脆哨，更是为这碗面条添了彩。

## 广东竹升面

进入粤菜地界，一碗面的制作也变得更为精细。或许你从电视里见过这种制面方式，一位师傅坐在大毛竹的一头上上下下，来压制毛竹另一头的面团，每一次都需要近两个小时。这竹升面上个世纪中叶曾经风靡广州，一度销声匿迹，后又迎来了第二春，考究到只用鸭蛋和面，绝不加一滴水，压出来的面条爽滑可口，又韧劲十足。趁着新鲜就得入锅，才能真正体会到手作之美。

*写法请见第164页

## 甘肃浆水面

夏天西北的日头烈，来一碗浆水面最为合适。面条很普通，但要得到浆水却要花些工夫。用包菜、芹菜等蔬菜叶子和丝毫没有蘸过油渍的面汤放在一起发酵，出来的就是浆水，可以直接喝，也可以作为面汤，清热解暑，增进食欲。而在浆水里的蔬菜也可以捞出来，据说拿来炒肉片最为可口。

## 福建线面

福州人叫线面，闽南人叫面线。也许你会跟我们一样，把眼前这细如发丝的半透明产品当作是米制品，但它真是面条。只是经过了匠人的精工巧做之后，直径只有0.6毫米，怪不得吃起来很“轻口”，却吸收了汤汁的精华。早餐来一碗线面（面线）糊，一天开始得很幸福。

## 青海羊肠面

青海人的面，花色也不少。在洗净的羊肠里装入剁碎的羊肉和拌有羊血、葱、姜、花椒、精盐等佐料的豆面粉，扎口煮熟，同时用煮羊肠的热汤煮面。吃的时候，在面碗里切上一段羊肠配热羊汤，再加上萝卜和葱蒜丁。肠段细脆馅软，面条悠长爽口，夏吃凉，冬吃热，路过西宁别忘了尝尝。

## 台湾鳝鱼意面

意面不是意大利面，而是台南特色的中式面。面中加了鸡蛋所以颜色更黄，大多油炸过显得蓬松又有弹性。据说和面时需很用力，便发出“噫噫”之声，由此得名。鳝鱼是现炒而成，爽脆弹牙，加上意面勾了薄芡，上桌时候热腾腾一大盘，是轰轰烈烈的花园夜市上筋道美味又管饱的一餐。

CFP 提供

# 西北

动身西北前，你可能没想象过自己的一日三餐会有什么惊喜。毕竟，那里无数条状、片状甚至粒状的面食足够铺满每一寸土壤。但当些许的期待与千百年的积淀传承相遇时，你会品味到西北大地杂花生树般的丰富性格。

罔顾新时代欧风美雨的轮番吹拂，任他精致无匹的咖啡红酒，也抵不过一爿爿淌着汁水的烤羊排。那一碗碗浓烈辛香的面和肉，依然是宁夏、甘肃和青海人生活的主旋律。

不同的地域至今仍造就着西北地区多样的民族风俗和饮食习惯，久居高寒的青海人一年到头也许不会吃上几次新鲜的蔬菜瓜果，但鲜嫩的羔羊肉和牦牛肉能让所有肉食爱好者挑不出刺儿来。而也许是同样的缘故，青海人连熬茶都会加入盐、姜和花椒来补充被高原夺走的热量。在祁连山的另一边，面食在悠长的丝绸之路上熠熠生辉，从传遍全国的牛肉面，到筋道有力的行面，再到河西走廊上随处可见的拨鱼儿、炒炮、小饭和黄面，“一样面做百样饭”的狭长土地也是改变南方旅行者对面食偏见的西行之路。如果留心观察，拉、搓、扯、拨的诸般武艺都是西北人最豪迈的姿势。

但你也千万别以为古往今来丝绸之路上的使者都是一路吃面才走出了阳关。早起喝一碗焦香四溢的灰豆汤或是浓稠醇厚的酸奶，午后尝一尝绵软酥脆的“狗浇尿”或劲辣的酿皮，醇香清凉的青稞甜醅最适合消暑。到了晚上，你可以围拢在街边大灶旁和朋友饱餐一顿肉香扑鼻的炒拨拉，也可以斯文一点，尝尝甘肃人喜欢的羊筏子，用酸甜的杏皮茶解去过瘾的油腻，然后你就可以去嘲笑只知道“东方宫”牛肉面的朋友了。

木寺，端上面片子的回族服务员。CFP 提供

XIWEI 年 月 日 西北

# 牛肉面

## 一清二白三红 四绿五黄

西北的街巷，不负歇脚的旅人，长淌的黄河，一直奔向东边。你或许并不知道兰州在哪里，但你不应该错过一碗有着“中国十大面条”之称的牛肉面。兰州牛肉面风味独特，以“汤镜者清，肉烂者香，面细者精”闻名，并有着一清（汤清）、二白（萝卜白）、三红（辣椒油红）、四绿（蒜苗绿）、五黄（面条黄亮）的美名。在兰州，牛肉面馆藏身于街巷，是百姓日常生活的一部分，在全国，以“马子禄”、“东方宫”为代表的兰州牛肉面正在像曾经的川菜一样席卷中国大地，让各大城市都有了更多显眼的来自西北的元素黄色绿色。在兰州，当地人一般称兰州牛肉拉面为“牛肉面”，也有称呼为“牛大”或“牛大碗”，意思是“大碗牛肉面”，而“兰州拉面”是一种很容易被嘲笑为外行的叫法。

进到一家牛肉面馆，墙上一般都会贴着不同规格的面条让食客选择，从直径仅有0.1厘米的毛细到面宽2.5厘米的大宽，中间还有细面、二细、韭叶、宽面、荞麦棱等可供选择。要吃得像个当地人，记得要点一个鸡蛋，一份牛肉，这个叫法“肉蛋双飞”略微有点色情。辣椒可以加足，放心！牛肉面配的辣椒一定不会像四川或湖南的辣椒让人难以接受，反而温和、香气扑鼻，等面出锅的时候，记得听师傅喊你“辣子要不要”。

## 【面条宽细大不同】

一碗拉面，汤讲究，肉讲究，面更是讲究，经过“三遍水，三遍灰，九九八十一遍揉”，再由拉面师傅在面板上反复捣、揉、抻、摔之后，可以根据顾客的选择，拉出大小粗细不同的面条，喜食圆面条的，可以选择粗、二细、三细、细、毛细5种款式，喜爱扁面的，可以选择大宽、宽、韭叶3种款式，要是再奇特一点，拉面师傅会为你拉一碗“荞麦棱”。毛细往往最受欢迎，标准的面粗直径0.1厘米，要求面条粗细均匀，不粘连，不断条，容易被汤和辣椒浸泡的口味浓厚，可以最大限度地吸收汤汁的香味，入口易嚼。挑战大宽则是很多男人的爱好，这种面宽2.5厘米，要求面条厚薄均匀，宽窄一致，嚼劲十足，很有西北的气概，往往觉得分量十足。

## 何处吃

### · 安泊尔牛肉面

兰州城关区北滨河中路756号

白塔山下，黄河边，中山铁桥附近，地理位置优越加上出色的营销让这家牛肉面馆生意火爆，不少外地人专程前来一品传说中的兰州美味。比起大多数牛肉面馆，安泊尔算是空间开阔，面的分量也足，当然也有当地老饕评价口味偏轻，更适合外地人。**兰州占国牛肉面**的店面在城中常可见到，无论是肉、面汤还是辣子都在本地人认可的水准之上，吃毕一碗满足感十足。

（左）兰州，牛肉面馆的拉面师傅。CFP 提供
（右上）“肉蛋双飞”，最过瘾的牛肉面吃法。CFP 提供
（右下）虽然简单却极考工夫的牛肉面。CFP 提供

# 牧区酸奶

【逐水草而食】

牧区酸奶。沐昀 摄

喜食酸奶的人们，若不想选择便利店货架上那贴着草原牧场图案的工业产品，不如真沿着黄河北上西进，在风吹草低的牧场上，享受视觉与味觉的其乐融融。

贺兰山旧有塞北江南的美名，这里的紫花苜蓿是中国最重要的牧草之一，也是国内主要的供奶基地。银川人喝的酸奶是拿玻璃片儿盖着的小白瓷碗，里面装着金黄表皮、油脂溢出、清香满满的洁白酸奶，在酸奶里面放上几粒枸杞既开胃又营养，这是无法僭越的滋味。张掖山丹军马场是祁连山北侧的一片广袤草原，军马场的老人们捋乳讫奶、缓火慢煎，生奶滤过后放入皮囊瓦瓶中自然冷却，加入先前制成的甜酪慢慢搅散，盖上薄布，第二天清晨就成了恣香四溢的酸奶。在张掖吃酸奶是就着一点点蜂蜜的，酸奶里的蜂蜜懒洋洋搅开，幸福的滋味也随之蔓延到四肢全身。在甘南草原，桑科草原和甘加草原牛羊温顺，勤劳好客的藏族牧民将白糖、葡萄干和蜂蜜加到酸奶里用以待客，也虔诚地将糌粑和酸奶进献给拉卜楞寺以求神明的庇佑。

在西北城市的午后，邀三两好友，在街边吃酸奶纳凉是人生幸事。先不要急着加糖和蜂蜜，第一口酸中带甜，让醇厚丰满的牛奶味在你舌尖漫游，用小勺轻轻拨起，要小口细尝，一切美味尽在那无所事事的欢乐中。

## 何处吃

在宁夏银川，有奶场自己的街头销售车，在当地人的回忆里，老的贺兰山酸奶就是这样卖的。在兰州吃酸奶不用刻意去找，回族聚居区小西湖，就有许多路边的酸奶摊，也有专门的穆斯林酸奶店。而在西宁，最受欢迎的是叫作“德禄”牌子的酸奶，德禄酸奶在西宁市区有很多专卖店，民巷里的盖碗酸奶也许口感更好。在甘南夏河，不用去牧场，随便找一家茶馆就能吃到特别新鲜的酸奶。

## 【牧区酸奶冷知识】

酸奶究竟是谁发明的不得而知，早在7000年前北非人的餐桌上就有了酸奶。这完全是由羊奶经过空气中的酵母菌污染发酵而得到的酸甜可口的嬗变。

西北的自然条件孕育了如天河繁星般的牛羊，抛开肉类不谈，奶是它们给人类最好的礼物。带着拓荒者们的慈悲和朴实伴随着战争与文明的脉络，遗存下来。很多人都觉得即使兑了水的羊奶也显得腥膻，牛奶则要好一些。酸奶的酿造过程中最为有趣的就是发酵这一理化性质和蛋白质状态同时产生变化的过程。发酵这一过程显得很高级，植物蛋白经过发酵得到了豆腐，而动物蛋白发酵后得到奶酪。想要追求酸奶当中酸味与乳脂味的平衡异常艰难。

西北的穆斯林，在斋月的过程中，一般只有晚上方可进食，在极其饥饿的状态下并不能狼吞虎咽，夏秋之交的一碗酸奶既能开胃又能补充营养。盛在碗中的甘酪非常脆弱，轻轻摇晃就会碎掉，可爱至极，绝非工业明胶产品能够比拟。

# 三套车

【千里相会的搭档】

传统的“三套车”。沐昀 摄

行走在秋风瑟瑟的甘凉道上，或许一清二白的牛肉拉面太过秀气，不足以品出河西重镇的肃杀沧桑。因为你很难想象一个风尘仆仆的关西虬髯大汉虎在方桌长凳上，就着一碗撒了肉粒的青葱细面填饱肚肠。

虽然和伏尔加河上那首赶车人的歌并不相干，但三套车的确像是来自异乡扎根生长的西北风味。诞生于左宗棠平复新疆征伐之路的典故已几不可考，但行面、腊肉、茯茶，这三样本来风马牛不相及的食物竟成了缺一不可的搭档，这在直来直去的西北菜中并不多见，而茯茶中的桂圆一味在西北更是罕有之物，食用腊肉的习惯也像从湖湘一带迢迢而来的南国情怀。

在甘肃，可能还没有哪种小吃像三套车这样充满粗放又精致的混搭美。开口一杯滚热的圆枣茯茶由冰糖、桃仁、红枣、枸杞和茯茶熬制而成，给引车卖浆之流的饮食也多了几分消渴养生的味道，而让你感叹西北豪气的是这样精心炮制的饮料至今依然无限量供应。韭叶宽的行面由于是加盐和成，比细长的拉面筋道许多，浇上腊肉、蘑菇、黄花、蒜薹等辅料配好的卤汤，看起来这已经足够普通旅行者丰盛的一餐了。别忙，按斤两称重的腊肉才会给你最终丰腴的满足感。三套车中的腊肉并不似江南腊肉凝结了一身湿冷冬日里的烟火气息，相反它软糯适口，难得地从淡淡的滋味中透出肉本身的鲜香来，空口大嚼绝对不成问题。饱餐一顿继续向西，你所想念的可能不仅仅是故人。

## 何处吃

### · 邱家行面

武威北关西路中段

这家老字号是本地食客常来的地方。方桌长凳宽敞整洁，价格不高，腊肉肥而不腻，行面劲道入味。淳朴的服务员会提醒客人该点多少分量的腊肉才不会浪费。去**北关小吃市场**还可以在东边吃口行面，西面喝杯茯茶，这条以三套车为招牌的小吃街能让你货比三家慢慢享受。

## 【换回宝马的茯茶】

比起备受雅士骚客吹捧的龙井毛尖，压成一块块的黝黑茯茶决计不是入流的货色，但正是这些便于运输且耐久贮的茶砖一路风尘地走进了西北人的一日三餐，还换回了一匹匹膘肥体健的西域良马。

茯茶产自陕西、湖南等地，同属全发酵的黑茶，却远没有祖籍云南的“兄弟”普洱茶那样金贵。粗犷淳朴的西北人不会在意青瓷盖碗里一旗一枪的龙井之舞，也不会计较生熟普洱悉心久藏之后清饮的汤色与回甘。他们只是用马刀捣碎茶砖，用双手掰碎可能还带着些许泥土的茶叶，投入铜壶中熬煮直到茶水变色，此后加入牛奶、奶皮和奶酪便是奶茶，加入酥油和盐巴便是酥油茶，加入冰糖、桂圆、红枣和枸杞便是三套车中的必备佳饮。不同的民族坚持着不同的信仰和生活习惯，相同的却都是从泛起金花的黑色茶砖里熬煮出来的不变底色。无论是战争、臣服还是长久的和睦，农耕民族向游牧民族抛出的这条隐秘纽带都已经延续了上千年。

# 西北小吃

## 【粗犷中的细节之味】

西北偏北，幅员辽阔、食物混杂，由数不清的舶来品，构成了西北小吃的“浮世绘”。移民众多的西北人天生能接受各方美食，无论是辛辣的南方米粉，还是横跨中亚的穆斯林饮食，都在这里生根，并衍生出独特的西北口味。如果能在西北待上一段时间，你的味蕾足以应付从长安到地中海东岸罗马帝国或黑海口君士坦丁堡古丝绸之路上的任何一家餐馆。

在命名上，西北人也不太讲究，沙米粉、羊肠面、羊杂、甜醅、灰豆、狗浇尿、酿皮等，和西北人直来直往的性情有关，名字直接体现食材，听上去毫无口味，但吃起来多半会令你喜出望外。在西北街头常见的甜品，往往颠覆旅行者对西北小吃的刻板印象，甜醅与南方的酒酿异曲同工，但用青稞加制而成，青稞颗粒分明，入口耐嚼，配以醇芳的酒汁，又香又异，冰凉、甘甜，是夏日解暑的良品，清爽丝毫不亚于港式甜品，冬日来上一碗热甜醅，暖意十足。甘肃人更发挥想象，把醪糟放在牛奶中烧开，打入鸡蛋花，并撒入葡萄干、枸杞、花生、白糖，令整条街上浓香四溢，几乎可作“甜品之王”。

西北的饮食文化中，酒是重要的一环。从佐酒用的各种大盘冷拼，到各种声势浩大的“划拳”，都会让旅行者感受到当地人的豪爽与热情。如果想吃完当地的小吃，一定要找一个人声鼎沸的夜市，提上一打啤酒，再逐摊觅食，夜里的人们往往吃得酒酣耳热、人仰马翻。对于不太“豪放”的广大女性，夜市上也不乏牛奶鸡蛋醪糟、酸奶、沙棘汁、杏皮茶这些配菜良饮的存在。

## 何处吃

### · 兰州正宁路夜市

正宁路是位于兰州西关附近的一条东西走向的横巷，东口的永昌南路上已有许多不错的清真小馆，南面还平行着一条酒吧街甘南路。每到夜晚，这条不起眼的小巷便活了起来，桌椅板凳、手推车、小吃摊、厨具和如梭的游人，看似混乱无序，却各有章法，似乎要将甘、宁、青的各族美食囊括。如果说排队最多的，那一定要属老马牛奶鸡蛋醪糟，是在《舌尖上的中国》里出镜的为数不多的路边摊。

（左）兰州夜市，贩卖羊杂碎的摊档。丁海笑 摄
（右上）西宁夜市。CFP 提供 （右下）西宁，回族家庭中的小吃，油馓子。CFP 提供

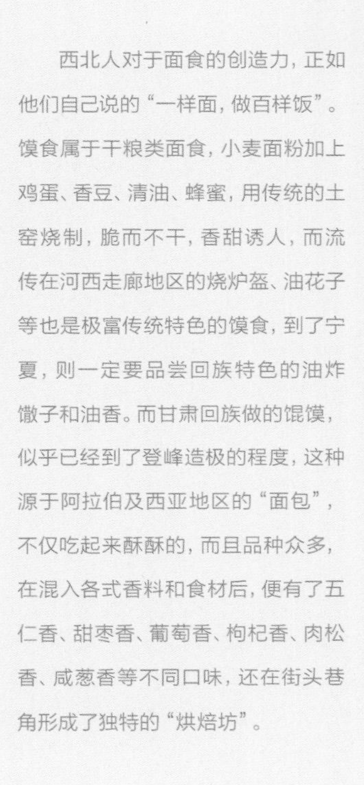

## 【 馍食 】

西北人对于面食的创造力，正如他们自己说的“一样面，做百样饭”。馍食属于干粮类面食，小麦面粉加上鸡蛋、香豆、清油、蜂蜜，用传统的土窑烧制，脆而不干，香甜诱人，而流传在河西走廊地区的烧炉盔、油花子等也是极富传统特色的馍食，到了宁夏，则一定要品尝回族特色的油炸馓子和油香。而甘肃回族做的馄馍，似乎已经到了登峰造极的程度，这种源于阿拉伯及西亚地区的“面包”，不仅吃起来酥酥的，而且品种众多，在混入各式香料和食材后，便有了五仁香、甜枣香、葡萄香、枸杞香、肉松香、咸葱香等不同口味，还在街头巷角形成了独特的“烘焙坊”。

# 新疆

大块吃肉，大盘吃面，但当地兼容并蓄的烹调方法与令人艳羡的优质羊肉，又让新疆与它的「邻居们」区别开来，更遑论一路还有可口的瓜果安抚你的味蕾。带着你尝鲜探奇的嘴巴，走上这条美食之路，尽兴开吃吧。

乌鲁木齐是新疆美食的汇聚中心，荟萃了新疆各地的风味：维吾尔族的烤包子、手抓饭，哈萨克族的纳仁、奶茶，回族的丸子汤、拉条子，蒙古族的手抓肉，锡伯族的骨头汤——吃过去怕是铜肠铁胃也会告饶。

想要吃得更正宗，你就要走得更深入，先从吐鲁番的美食四宝开始：大盘斗鸡、豆豆面、盆盆肉和什锦抓饭都是你不能错过的美食体验，特别是斗鸡，使用赛场上淘汰的斗鸡烹成，肉质鲜美，若赶上水果成熟的季节，你就更有口福了。在喀什，你会发现维吾尔族餐桌上的羊肉花样层出不穷，走在当地的夜市中，炭火与羊肉和孜然的香味不断挑逗着你的嗅觉神经，除了荤素结合、香甜可口的抓饭外，当地特色的米肠子和面肺子是"下水爱好者"的福音。到了北疆，哈萨克族草原风情饮食或能让你有耳目一新之感，奶茶、酸奶疙瘩等各类奶制品自不必多说，还有马肉、马肠子等在内地无法品尝到的独特美味。

当你吃遍全疆，你可能会发现根本无法简单地概括新疆美食到底是什么样子，那是因为多个民族和地区的饮食文化交会于此，互相影响，共同发酵，才让新疆的饮食文化呈现出现在的模样。这种交融延续至今，并且还在继续进化，产生出更多的创新菜肴。

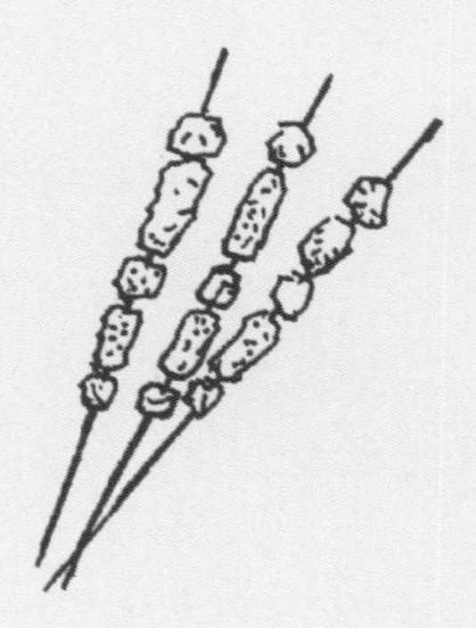

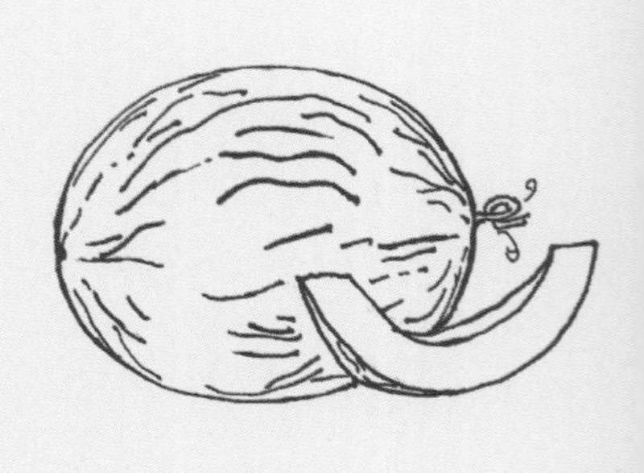

汁，当地人的午餐。CFP 提供

# 关于羊肉的美食

## 【“羊”鲜的味道】

只要一提起“新疆”二字，很多人似乎就闻到了混着香料的阵阵羊肉飘香。新疆的羊肉味道不膻，是因为羊吃的是盐碱地的草，喝的是冰川雪水。再加上清真的屠宰方式，造就了闻名遐迩的新疆羊肉，味美而不膻，肉质细嫩，是当地绝对的肉类主食。

羊肉串某种意义上已成为新疆羊肉烹法的“明星”，要想跟当地人一样吃出门道，可以先从改口称烤羊肉串为“烤肉”开始。在沙漠绿洲或边缘地区的肉串是用梭梭柴与红柳烤制，以红柳串起羊肉，经柴火烧烤之后，羊油渗出的“吱吱”声，挑逗着你每一个味蕾与唾液神经。不过由于红柳与梭梭是保护植物，所以这种做法已逐渐退出了烤肉的“江湖”。

手抓羊肉是新疆各少数民族喜爱的美食，常常是把刚刚宰好的羊肉洗净，放入水锅煮熟，配上盐、孜然、洋葱等直接食用，这是最能体现新疆豪放饮食的一道菜。享用手抓羊肉最好的环境是在天山牧场的毡房里，从天山雪水融化的溪流中采水，放入新鲜宰杀的羊肉烹制，煮熟后主人拿刀切割分给客人，佐以孜然和食盐，味道鲜美不能自拔。

还想再豪迈一点？将一只整羊涂抹鸡蛋孜然等特殊佐料，放入馕坑中翻烤，出坑后可称得上是香飘十里，肉多汁皮香脆，这就是新疆本地维吾尔族人庆祝寿辰、婚宴喜事、割礼等重大节日时，用来招待尊贵客人的珍馐佳肴——烤全羊。作为旅行者，在新疆任意一座城市，你都可以在市场或夜市看见一头烤好的整羊放在台子上，根据你要的部位按照不同的价格按公斤称给你。

（左上）新疆，烤肉。GETTYIMAGES 提供 （右）新疆喀什，烤包子。GETTYIMAGES 提供

## 何处吃

羊肉串、抓饭、烤全羊、手抓羊肉等与羊有关的美食在新疆的任何一个巴扎、夜市都能品尝到，且每个地方都有一点自己的特色。由于羊肉价格的疯涨，部分小贩会用牛肉充当羊肉来烤，所以在市场上选择人多的那一家总是没错的。在乌鲁木齐，曾为奥运会餐饮供应商的五月花餐厅以抓饭闻名。

## 【市场上的“羊杂烩”】

羊杂碎是由羊的头、蹄、血、肝、心、肠、肚等混合烩制而成，故又名“羊杂烩”，是新疆常见的一种小吃。制作羊杂碎的多为回族，常推车出没在市场及夜市摊上。

在喀什你可以尝到米肠子和面肺子，也是以羊的内脏为原料——将羊内脏切成小粒，和米粒一起填入羊肠，羊肺灌洗干净后，取小肚套住肺气管，将面浆和调料挤入肺叶，再去小肚，扎紧气管。如此处理好的肠子、肺子和羊肚一起入锅煮成。肠糯鲜，肺软嫩，羊肚、面筋有嚼劲，香喷可口，风味独特。

XINJIANG 年 月 日 新疆

# 馕与面食

## 【融合带来的美食】

大多离开家乡的新疆人，在行李中都会有“馕”的存在。这种圆形的烤饼不但是新疆各族人民的主食，也已成了他们“乡愁”的一个共同符号。当你走上这片土地，你便会入乡随俗，爱上这个独特的“烤饼”。馕先以麦面或高粱面半发酵，揉成面坯，再在特制的火坑（俗称馕坑）中烤熟。馕的品种超过五十个，常见的有油馕和窝窝馕等。

在新疆世居的13个民族，创造出了花样无穷的面食文化，以手工面为主。这得益于民族的融合与迁徙，不同的民族带来的不同生活方式。山西的过油肉，甘肃的拉面，陕西的擀面，这些北方常见的面食都能在此找到变种或是“新生”。新疆的手工面按吃法来看有汤面、拌面之分。汤面中揪面片和吐鲁番豆豆汤面最有名，这些面食经巧手的拉抻切捻，形态各异，口味不同。拌面则是一份菜做浇头加上一份面，除了浇头的区别，形态和制作过程也各有特点。著名的新疆拌面又叫拉条子，依靠面本身的韧性手工拉出细长的面，常见的品种有过油肉拌面、家常拌面（洋葱、西红柿、青辣椒）等，只要你能想到的菜都可以用来拌。无论你身处新疆何地，以上提到的面食都能品尝到，这也是你体验当地文化的一个窗口，路边小小的面馆与南来北往停留的人，每个人都带着或奇特或惊悚的故事，此即大漠戈壁下的西部风情。

面食和主菜的搭配也是一大特色，这种面食和主菜搭配的食物，在当地通常被称为“羊肉（牛肉或鸡肉）封饼子”，用肉汤和面，然后把面擀成薄饼放入羊肉炖锅中一起蒸煮。看来不过是一大盘贴饼子，饼下却藏有肥美的羊肉。

凉面、黄面、面皮子都属于民间小吃面食。凉面和黄面是将面条拌油冷却后食用，讲究的是熟醋和油泼辣子的味道，一些老字号的店家将此视为不传秘笈；面皮则是用洗过面粉的高筋水蒸得，其好坏取决于洗面的力道、工序以及火候。

（左上）新疆喀什，卖馕的摊档。GETTYIMAGES 提供 （右）新鲜烤成的馕。刀哥 摄

## 何处吃

在新疆你很难找到一家“做面做得不好”的餐馆，想要吃得更精，以下是我们的小建议：在国道边上靠近县城的小店一般来说做得都不错，门口停着的车的数量可作参考。如果想买馕带走，如乌市的“阿布拉的囊”已经有了商标和包装，超市都可以买到。传统的馕坑里出坑的馕饼则在本地的居民区周边可以买到，记住，馕一定是刚出坑热乎的最好吃！

## 【大盘鸡的两种体系】

大盘鸡非新疆传统菜，是在20世纪80年代根据湘菜和川菜，以及新疆一些本地菜的做法相结合而成。新疆的大盘鸡分为“沙湾大盘鸡”和“柴窝堡辣子鸡”两种。后者是湖南支边青年在新疆所创，主要原料是鸡块和干红辣椒，盛出后盘底有油，味在肉中，以花卷为主食，这一做法主要在乌鲁木齐达坂城区的柴窝堡镇。另一种风格的大盘鸡是根据本地的饮食习惯加入了土豆块，配以皮带面作为主食，据说这种大盘鸡起源于新疆沙湾县的一家小店，一位长途司机进店对老板说给我来盘红烧鸡块，放点洋芋（马铃薯）放点面条，做成后老板受到启发，从此开启了“沙湾大盘鸡”时代。

# 瓜果之乡

## 【甜到入心的幸福感】

来到西部，走遍新疆，除了羊肉，水果也一定是永恒不变的主题。当地流行的顺口溜——“吐鲁番的葡萄，哈密的瓜，库尔勒的香梨人人夸，叶城的石榴顶呱呱”——充分反映了新疆每个区域的特产水果。每年5月，新疆就正式进入瓜果飘香模式，最先成熟的是吐鲁番的桑椹。紧接着6月份开始全疆的杏子和葡萄逐渐成熟，后者的成熟季节会一直持续到8月底。9月是品尝石榴和无花果的最好时光，待到10月和11月，便是香梨和苹果唱主角的时候了。

无论评判何处的水果，首要标准就是一个“甜”字。新疆水果的当家花旦便是葡萄，吐鲁番的“无核白”葡萄号称是世界上最甜的品种，究其原因是产地气温高、日照时间长、昼夜温差大。葡萄是应季水果，过了季节来就只能吃着葡萄干，想象那甜入心脾的葡萄汁水了。这种无核白葡萄当地人称之为“小葡萄”，水分多的是“马奶子”葡萄，但是有籽。你可以依照自己喜好挑选，秘诀是观察葡萄连接茎，绿色的最佳。

一直与葡萄竞争当地水果“头牌”的便是哈密瓜，据说清朝乾隆年间由哈密王上供给乾隆皇帝，因而得名“哈密瓜”。哈密瓜主要出产在吐鲁番、哈密盆地，以吐鲁番火焰山、鄯善鲁克沁和东湖出产的为最佳。鄯善出产的“金皇后”哈密瓜是当地农科所研制的优质产品，价格不菲。

除了这“哼哈二将”以外，相对名气较小的阿克苏苹果，因为糖分极高，沉积在近乎透明的果核部分，得名“冰糖心”，或能让你对平凡的苹果产生新的爱恋。品过之后怕是嘴会变得“刁”起来，回家后面对超市内索然无味的水果“长吁短叹”。

XINJIANG 年 月 日

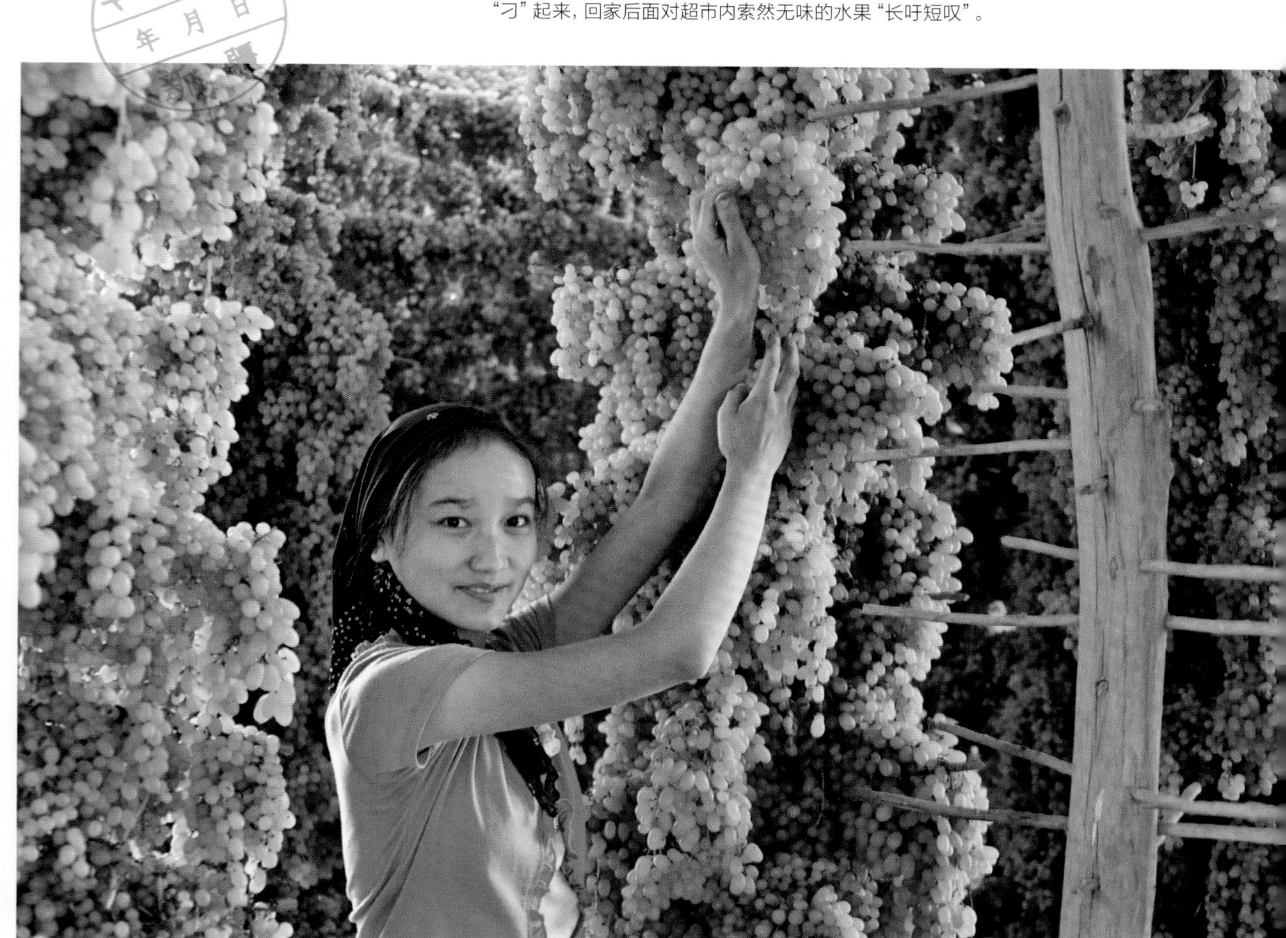

## 那些抢戏的“配角”们

如果把新疆的水果们比作一台戏，主角们出色的表演固然抢眼，但一众名气相对较小，却毫不逊色的配角才是让这出戏精彩纷呈的原因。

### 西瓜

有些省份在吃西瓜的时候有往里放白糖的习惯，想是由于瓜自身不够争气，只能用糖借味。产自新疆沙土地中的西瓜，自是不用考虑砂糖这种毫无个性的甜味剂了，在当地吃西瓜最爽的方式就是把瓜放在天然的水渠中自然冰凉，切开之后用勺子挖着吃。

### 香梨

香梨产自库尔勒，皮薄肉细，口感酥脆甘甜。如同家禽家畜，这里的梨也分公母，母的比公的更脆更甜，想要区别公母就看梨子的底部，凸出多的是公梨，凹入多的是母梨。据说《西游记》里孙悟空偷吃的“人参果”的原型就是库尔勒香梨。

### 无花果

维吾尔语称之为“安琪容”，主要产自南疆和田一带。秋季成熟的时候市场街边都有贩卖，多是按个售卖，记得用无花果叶子垫着托在手里吃，可算是“原生态”的体验。

（左）新疆吐鲁番，晒制葡萄干的当地人。GETTYIMAGES 提供（上）新疆喀什，水果摊。GETTYIMAGES 提供
（下）“围着火炉吃西瓜”的当地体验。刀哥 摄

## 何处吃

吃新疆水果一定要去最佳出产地，比如吐鲁番可品尝葡萄、哈密瓜，秋季去和田旅行必吃无花果和石榴，苹果与香梨都是秋冬水果，只要认准了库尔勒香梨与阿克苏苹果的都不会错。原产地除了水果新鲜之外，品尝时也能体验当地文化，坐在吐鲁番葡萄人家的葡萄架下吃着刚摘下的一口鲜甜，在旅途中路过的田间地头，下田亲自去挑选一个西瓜，都是独特的新疆水果体验。

# 云南

就像很难挑出一张风景照来代表云南，也很难说清云南味道到底是什么味。复杂的山川地形决定了不同的气候和物产，从西到东25个少数民族，各有各的调料蘸水，滇北和滇南的汉民，吃辣也分油辣子还是小米椒。各方各族人民饮食差异中又有着微妙的共性，或许这才是云南菜最特别之处。

丰饶的自然环境养成了云南人散漫的性格，不用多操心耕作，山人自有妙计：春天山花烂漫，抓下一把过水焯，凉拌清炒都是鲜；秋季山林里长出肥美菌子，弯腰捡拾即可入菜。在别处的人看来，这简直是一种神奇的野性，而在云南，从南到北只要有花有菌的地方，几乎家家都这么吃。

云南菜难成大体系，云南人也懒得去画框下定义，天赐的鲜花菌子各炒一盘抬上桌，立马让人直呼太云南。四方口味各异，米线恰好是一条纽带，不管粗细都天天见。慢慢品味，舌尖上的精彩不止招牌的火腿和汽锅鸡。

过桥米线是云南打出去的一张美食王牌，云南几乎到处都有形态各异、做法有别的米线，过桥只是其中一种。来自云南不同地方的人在争论哪里口味好时，米线总是那把衡量的标尺，要想细尝各地饮食偏好是清淡是油辣，一碗米线里的调料和浇头就能见分晓。

过去交通不便，云南许多地方都有用腌制方法来保存肉类的习惯，沿袭成传统，这就如今万众垂涎的火腿。火腿做菜粗放中透着细腻，而汽锅鸡则是云南特色菜里最费力也最别致的一道，所以成了云南很多地方家宴必备的大菜。因为名声已叫响在外，你可以从这两种食物起，叩开云南美食的大门。

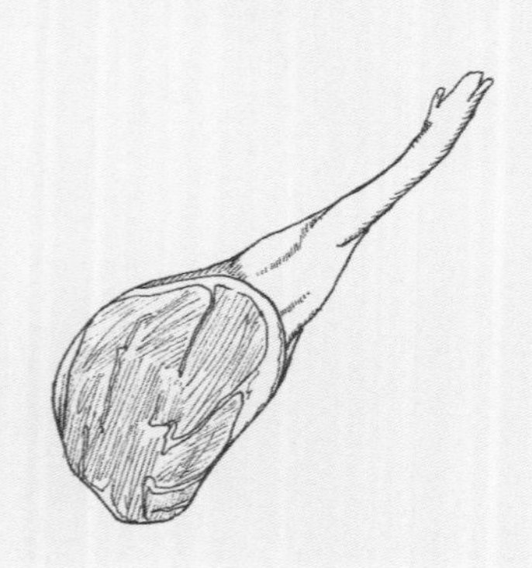

江，白族女性的午餐。GETTYIMAGES 提供

# 米线

【过桥之后大有可观】

过桥米线。GETTYIMAGES 提供

滇地四方地势起伏物产迥异，饮食习惯口味都有不同，米线却是云南人饮食上的一条纽带：从玉溪昆明的粗酸浆米线，到德宏版纳的细米线“撇撇”，甚至稻米产量不高的昭通会泽，都要往米里掺进玉米面，做成苞谷米线。或许你认识云南米线都是从过桥米线开始的，但过桥之后，你会发现这里的米线文化大有可观。

“甩”（云南话，意即吃，吃连汤带水的米线时最常用）过桥米线，是云南人日常生活里对自己的犒劳。把生肉蔬蛋连米线一起放进看似温吞的热汤里烫熟，吃完再慢慢喝汤。即使一个人吃，因配菜碗碟丰盛，也吃得舒坦热闹。过桥米线源于红河蒙自，到昆明就起了变化：砂锅变成了秀气的白瓷碗，鸭汤也换成了口味清淡的鸡汤。不过在全云南，吃过桥米线都不爱加辣椒，这是通例。

要是赶着去上学上班，别说过桥，就连用铜锅费时煮的小锅米线都是等不及的，这时帽子米线就大受欢迎。所谓帽子米线，就是米线不用煮，过水一烫浇上肉汤再加个盖帽（浇头）。地方不同，给米线戴的“帽子”也花样繁多，猪鸡牛羊焖炒炸氽，各有味道和门道。除了肉帽定量，其他调料基本都摆在一张桌上供你自选，油辣子、胡辣子、干辣子、糟辣子，辣椒就有好几种，加上韭菜、酸腌菜和凉豆芽，一顿简餐也吃得爽快又漂亮了。

## 何处吃

### · 建新园

昆明光华街中段

云南遍地的大小米线馆，都不会让你失望。初到云南自然要甩一套过桥米线，请直奔昆明老街花鸟市场旁的建新园，这家字号已有逾百年历史，过桥米线专座在二楼，汤里的胡椒口感最微妙。到访蒙自则可去桥香园老店。你也已经知道米线不止是过桥，**端仕小锅**（文林街74号）的小锅米线可以说是昆明人的最爱（虽然是玉溪人发明的），这里的炒饵块同样筋道好吃。

## 【跟汪曾祺吃米线】

为“寻找潇洒”而赴西南联大求学的汪曾祺，虽中文系肄业，课余却把云南菜吃了个通透，堪称食博士。先生在云南自然没有少吃米线，不妨跟随他对米线的记述来尝一遍。

先生曾提到焖鸡米线里没有鸡肉，这种米线指的应是焖肉米线。米线过水烫热盖焖肉帽子，做法简单但肉讲究，要用精瘦猪肉切成丁加香料焖到酥烂。

爨肉米线里的爨（cuan，阴平）字有爨人古蕴，其实指的就是白水氽猪肉汤烫米线，现称**氽肉米线**。红河个旧的口味最地道，当地人吃时要浇上一勺细辣酱。

**鳝鱼米线**以玉溪的最有名，现剐的黄鳝带骨切块红烧做帽子盖到米线上，配上韭菜和炒肉酱，一碗满是鲜艳。这种米线也经常加“叶子”，不是滇地奇草而是炸猪皮。

**羊血米线**取材自云南黑山羊，羊汤烫米线盖上血块和肉，要吃羊肉本来的鲜，调料一般只用油辣子。

**炒米线**至今仍是云南特有的快餐，文中说可选酸醋和甜酿两种口味，甜酿大概就是昆明特有的甜酱油。和鸡丝一起拌的**凉米线**要是缺了甜酱油，昆明人就会舔筷子皱眉。

# 汽锅鸡

【渐行渐远的家宴菜】

汽锅。CFP 提供

在好几代云南人的记忆里，吃汽锅鸡就代表过年。做这道菜费时，挑食材还讲究器具，所以家里蒸鸡用的陶锅，在厨房里得到的几乎都是束之高阁的优待，只在盛大家宴时请出来。过年前有农村亲戚来串门的家里会暗自得意，因为亲戚做礼物提来的一只活母鸡，必然是吃虫子散养大的土鸡，蒸炖出来最有模样。

年三十，一清早，主妇磨刀送鸡归西，拔毛、清膛、切块、洗净装进锅，为保汤汁浓郁，入锅前还要把多余的水滴清干净。因为是自家人吃，分量必须足，鸡块和配料几乎塞了一满锅。汽锅不直接碰火，而是放到装水的另一口锅上加热，鸡汤也不放水，蒸汽会随着汽锅底的通道和上面的气嘴进入锅膛，一丝一滴炖个通透。午后汽锅就上灶台，要文火慢蒸一直到年夜饭开餐前。揭开锅盖，鸡汤已盛满，看似完整的鸡肉，筷子一碰就散。汽锅鸡吃原鲜，生姜草果去腥即可，盐都不必多放，加点三七、枸杞和天麻就是药膳。

建水人和文山人都认为只有自家地界的汽锅鸡最正宗，其实，要做好一锅汽锅鸡，必须用到建水的紫陶汽锅和文山的三七，缺一不可。最善于拿来主义的昆明人把汽锅鸡餐馆越开越大，只是可惜汤味和人情一样日渐寡淡。不过生活越来越忙，家宴上的汽锅鸡经年渐少，人们只也能下馆子聊以慰藉舌尖上的相思了。

## 何处吃

### · 福照楼总店

昆明联盟路北大门

没错，就是那家在舌尖上传得沸沸扬扬的店。虽然汤略稀薄肉略少，不过在又快又懒的昆明，能找到汽锅鸡已经不太容易，在几家连锁店中这家店营业的历史最长。要是你去到建水，也可到杨家花园宅院里去吃汽锅鸡和烧豆腐。

## 【汽锅鸡关键词解读】

汽锅鸡的做法和用料看似简单，但却是需要遵守传统和经验的功夫菜，这三个关键特别不能马虎。

**汽锅** 建水自古多中原移民，他们也带来了精湛的陶艺。紫陶自清代兴起，有将零星汉字烧在陶器上做成“残帖”的雅习。汽锅虽然不如文房器物精致，但普通人家收藏在厨房的锅，表面也常饰有竹兰图案。和一般粗陶炊具相比，紫陶砂锅光润细腻如瓷，但更加敦实，才耐得住四小时文火蒸。

**鸡** 在过去，制作汽锅鸡最讲究的食材，是武定特产的骟母鸡。摘除母鸡卵巢费工又减少蛋产，全为入菜时肉嫩骨酥的口感而折腾。如今骟母鸡已成传说，但若请出砂锅来做这道大菜，吃饲料长大的“洋鸡”是上不得台面配不上锅的。要想获得全家称赞，必须使用散养的土鸡，肉嫩母鸡上佳。

**三七** 最好的三七产自离建水不远的文山，是一种活血又止血的药材。中国人讲究药补食补结合，做汽锅鸡时，一般会在锅底塞一把三七根同蒸炖。吃鸡肉前，大多有先喝汤吃三七根的习惯，往汤里搅三七粉其实是一种懒吃法。

# 鲜花

## 【由苦到甜的美丽】

“朝饮木兰之坠露兮，夕餐秋菊之落英。”《离骚》里，屈原把鲜花吃得仙风道骨。而在云南鲜花入菜，一开始并没有什么浪漫主义色彩。从前西南边疆地区粮食产量不高，饥荒时要靠野生植物来填肚子，漫山遍野的花朵自然成了果腹的选择。像杜鹃花和石榴花，色泽美丽但直接食用口感苦涩，所以都要烫煮去味后才能炒来吃，样子也不好看了。

到如今，云南人吃鲜花也讲究起雅致鲜甜来。饱满的白玉兰花包住碎肉一起清蒸，化解肥腻，黄菊花放入汤里美丽依旧滋味不浓，只为追求清雅。玫瑰花不但自己生得色香味美，也有助于美容，自然是云南食用鲜花里最受欢迎的。把新鲜花瓣揉碎和红糖一起渍成玫瑰酱，吃清淡食物时配上一点就芬芳满溢，做成点心最有名的就是鲜花饼，再精致一些制成玫瑰蜜露，与大观园里的姐姐们喝的大概同滋味。

家常小菜里吃的山花野菜一般都细碎，是各有风味的“小家碧玉”。棠梨花味道微苦，抓一把调进面里煎成饼清香四溢，挑食的孩子吃起来都能开胃多吃一碗。苦刺花和金雀花要趁鲜嫩含苞时候吃，清炒或者煎蛋都是简单又鲜灵的美味。不过，吃花可不总是清淡秀气的，细小不起眼的韭菜花腌制后有特殊咸香味，加上糟辣子腌上一段时间，云南特有的鲜辣就和花朵融成了一罐。

## 少数民族鲜花佳肴

生活在云南的少数民族，从山地到河谷风情习惯各不相同。在你的旅途中，除了欣赏他们的美丽服饰和精妙建筑，也别错过他们美食里的奇妙花卉。

大理洱海里有一种海菜花，根茎碧绿，花小而白，得益于洱海的优良水质而广泛生长。白族大菜喜食带皮肉，用海菜煮汤配菜爽滑解腻。往北剑川和鹤庆一带的山区，气候很适合高山杜鹃，这里的白族善于把有轻微毒性的杜鹃花做成菜，和蚕豆一起蒸来吃，是清淡的素滋味。

西双版纳多亚热带河谷，奇妙植物易于生长。生活在这里的傣族烹饪取材自然，芭蕉花炖红烧肉、仙人掌花炒蛋、酱炒木棉花、山茶花煮粥，一桌子菜繁花似锦。在泼水节上不可少的泼水粑粑，传统里要用糯索花来增加香味。

滇黔桂交界处的罗平因百万亩金黄油菜花而闻名，在春天，清炒油菜花嫩芽是应季小菜。而生活在这里的布依族有吃五彩花米饭的传统习俗，用各种叫不出名字的“染饭花”把米饭染成红黄紫黑色，鲜艳好看，还带着植物的清香，是节庆喜宴上不可缺少的美食。

## 何处吃

四月是黑井的石榴花期，花开漫山红遍。在别的季节到访古镇，在主街利润坊的餐馆里都能吃到石榴花。虽然颜色灰黄不起眼，但荤素炒吃均有味，干石榴花也便于携带。在昆明，一些过桥米线店应季会有玫瑰或菊花瓣做配菜。

（左）云南西双版纳，克木人用野芭蕉花入菜。CFP 提供（右下）米线中有花瓣配菜。GETTYIMAGES 提供

YUNNAN 年 月 日 云南

# 云腿

## 【山中火腿香千里】

作为寒冷山地为储存口粮而发明的食物，火腿最开始都是盐味重，情趣淡。云南许多山区腌火腿都腌了几百年，而云腿开始受到瞩目，是因宣威火腿在1915年巴拿马万国博览会上拿奖，并得到孙中山先生题字“饮和食德”盛赞。之后宣威火腿几乎代表了云南所有火腿，“云腿”成了它的专有名词。20世纪50年代，宣威曾更名为榕峰县，据说改名后的榕峰火腿销量剧减，只有恢复旧县名，可见宣威火腿的名气。

滇东北山区的宣威人，在云南名声很是霸道，脾气直硬，在饮食上也颇有气魄，单火腿就能摆出一桌席。火腿全席大多是铺排场时吃，不过云南家庭聚餐时也总会做上两三个火腿菜。小腿至肘子一段横切连皮带肉形似钱币，清水煮熟切片就是一盘金钱腿；厨房法宝汽锅除了炖鸡，老腿厚皮装一锅也能炖得酥烂喷香；炒青椒混上火腿丝就不用盐提味，清汤里加点火腿糜特别下饭。中秋节吃月饼，南北方为甜咸口味争得欢，而云南传统月饼火腿四两坨，又咸又甜扎实得很。

随着交通改善，云南各处深藏的火腿越来越多地走出了山沟，诺邓火腿就是“腿中新星”。善于吃的大理人对诺邓火腿的评价是“味道好但肉太柴（瘦）”，也推崇鹤庆圆腿和兰坪老窝腿。所有的云南火腿都讲究时长，三年老腿最难得，切开即可生食。

## 腌火腿

腌火腿最好的时节，就是过年前的十冬腊月天。一是冬天肉不易腐；二是杀了年猪好过年。现杀猪取新鲜血腿，就要腌个红白分明。

分腿刀工有讲究，横切面一定要是清爽漂亮的椭圆形。宣威火腿更是因为切好的后腿型似琵琶，而得了雅名“琵琶腿”。腌火腿的调料简单，白盐就足够。云南自古产井盐，传统里腌宣威火腿都用黑井盐，而诺邓火腿至今仍用千年卤水井里产的白盐来腌。不过腌制过程繁复，手捧盐和香料反复揉搓整条腿，切口更要用大量盐巴封好。

腌好的火腿不能着急挂起，得堆放在阴凉处用重物压住脱水，堆压时还要继续抹盐，过几天再挂在通风处。过年时候亲戚来串门，屋檐下一片火腿招展好气派。腌好就挂在灶台上熏的叫做“烟秋肉”，和腊肉类似，云南人也常吃，却比不得火腿的身份金贵。

山地人不太精细，过半年左右，火腿表皮起了一层青霉，刚好成了盐已入味的信号，这时用带槽的钢针插入腿里取样品尝，成败全看肉的香气，如果盐分没有控制好，一条好腿就报废了。

## 何处吃

### · 云南粗人宣威老火腿馆

昆明龙泉路中段

你应该不会为了火腿专门跑一趟宣威，好在昆明饮食包容，这家门口有大金猪的土菜馆已开了近十年，地段偏远但食客不绝，使用正宗宣威火腿，口碑很不错。想尝别的口味，可在大理之旅中加入诺邓，盐泉农家的火腿最有名。

（左）过桥米线配菜中的云腿片。GETTYIMAGES 提供
（右下）云腿。CFP 提供

YUNNAN 年 月 日 云南

# 菌子

【贪吃野菌不怕「闹」】

云南人说人疯癫，方言是“你可是着菌闹着了”，意即“你是不是吃野菌中毒啦？”“菌（juer，四声）”专指野菌，虽然吃起来美味与危险并存，但每年夏秋季节，仍然有无数云南人冒着致幻“看见小人人”甚至死亡的风险，争先品尝“头水菌”（第一场秋雨后的菌，据说毒性大）。

在云南，吃野菌几乎是寻常人家共通的奢侈享受。青头菌青白色花纹甚是可爱，切片煮汤或者和青辣椒猪肉片来一盘小炒，荤素都有味。干巴菌形似腐朽松木洗拣费时，外婆带着孙儿二人一丝一缕把菌清干净，主妇丢一把糟辣子呛炒出来，真有牛干巴的味道。牛肝菌肥硕滑腻，炒出来气味和色泽都似真牛肝。其中最费力费神的是学名红网牛肝菌的“见手青”，菌帽下面一碰就变青紫的一层菌肉有毒，必须抠掉，烹调时也需谨记“猪油炒，多放蒜”等厨房秘诀来去掉毒性。而野菌之王必是鸡枞，菌柄修长洁白，浅灰菌帽含孢泛出银光，打开后则舒展像一把油桐伞。切记鸡枞的配料越简单越能衬出它的鲜味，油炸则是为了保存珍馐而不得已为之，当然也好吃，不过多少有暴殄天物的味道。

无野菌，不云南。在上世纪90年代人工种植的蘑菇才开始在市场上销售时，主妇们把野菌之外的所有菌子统称为“人工菌”。野菌之外的所有菌菇，或许都是受过鄙夷的。

## 上山拣菌

别处说“采蘑菇”，云南人说“拣菌”，听起来野菌似乎多得弯下腰就能找见，还能让你挑拣一番。在云南，凡是在近山地区生活过的人，大抵都有上山拣菌的童年记忆。

夏末秋初一场夜雨后，菌子和早晨的阳光一起萌芽出来，就是拣菌的好天。八九点钟上山是最好玩的，除了能抢在别人前面去拣菌，还有可能遇见一坨菌孢慢慢舒展开大长腿和小伞。拣菌有诀窍：干巴脾气独，爱躲在松树脚下，不和别的菌子为伍；青头菌爱热闹，找到一朵再接着找就是一窝；牛肝菌好吃但菌孢难看，别不小心当牛粪踩坏了；鸡枞最难找，去年你动了它的儿孙，今年它就要挪窝。也有说鸡枞总是和白蚁窝长一起，于是自觉聪明的小孩循着红色沙土堆去找，找不到，只有一脚踹飞蚁窝来解气作罢。

拣好菌子就像钓大鱼，技巧和运气都需要。不过上山游转小半天，即使没有像样的大菌，杂菌总是能拣出一小堆。鸡油菌、皮挑菌、谷束菌，混在一起炒个青椒杂菌或者炸一罐蒜油辣椒菌，都是家常的美味。

## 何处吃

### · 木水花野菌市场

昆明福发路口

挑剔骄矜的昆明人大概会说，吃菌火锅不算吃野菌。而野菌价格不低，家常餐馆里一般不会备菜。不过你可以到这个野菌市场选购菌子之后，交给餐馆帮你烹调。担心买错？市场门口有宣传画，教你避开美丽毒菌的诱惑。

（左、右下）云南中甸，当地人采得的松茸。CFP 提供

# 贵州

“地无三尺平”的贵州，抬眼是层层叠的青山梯田、绿水飞瀑，地下是凉沁沁的溶洞奇石，坝子里是热闹闹的花裙笙歌，桌上是火辣辣的垂涎美味。就地取材，酸到胃口大开，辣到脑门冒汗，就是这么爽！

从春秋战国的牂牁古国夜郎邑，到“远在要荒”归服北宋的“贵州”，再到如今的西南三省之一，贵州可说是一直游离在中原主流文明之外，加之苗、侗、布依等数十个少数民族世代聚居，风俗饮食自然大大不同。

贵州菜很难一概而论。若以画作比，“辣”是大笔涂抹的底色，“酸”是鲜艳夺目的亮色，“甜”则是不经意点上的暖色。着落到一地一盘一碗，省会贵阳美味齐聚，夜市上小吃、炒菜、烤鱼样样有，大街上本城特色的丝娃娃、肠旺面、牛肉粉和配料任性一家一个味的怪噜饭更是遍地开花；往南走，提起酸汤鱼，黔东南凯里和黔南独山都是会跳出来争版权的；街头大炒锅里的五花肉酸菜糯米饭油亮喷香，也得循着黎（平）一从（江）一榕（江）一线去找才好，能跻身侗族姑娘陪嫁之列的糯米当然不一般；往北，到了历史课上曾苦背过的遵义就要改吃羊肉粉、豆花面，再拐去南北镇尝尝斑竹笋壳包着的黄糕粑，香甜软糯，正好缓缓被辣椒酸汤刺激了一路的舌头；若是冲着梵净山而来，爬山前先饱餐一顿铜仁社饭真是再合适不过了。

除茅台酒，贵州没啥高贵“大牌”；除酸汤鱼，贵州菜没啥知名“头牌”；除跟着留学生出了国的“老干妈”，贵州的小菜佐料更多有爱者念念不忘、恨者咬牙切齿的折耳根（鱼腥草）、木姜子。可也正是那烟火气最足的小吃小菜最能让心也舒畅、胃也熨贴。

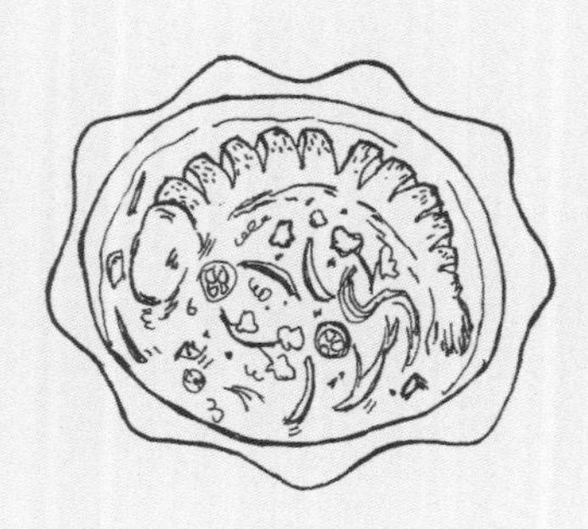

苗族女性的午餐。GETTYIMAGES 提供

# 酸汤鱼

【酸下舌头，劲上心头】

西南本就是传说中深山密林、蛮烟瘴雾的所在，贵州更是有“天无三日晴”之名，正是这样的环境造就了贵州人嗜酸的食俗。湿寒之地，不吃酸就没胃口，不吃酸就没力气，要不苗家俗谚怎么说“三天不吃酸，走路打蹿蹿”（“蹿蹿”是当地土话，形容东倒西歪走不稳）呢？

黔东南和黔南的苗族和布依族是食酸主力，在他们手里，菜、豆、鱼、肉，无物不可入酸。只要耐心熬足时间，就能等到盐巴将鱼肉虾腌成酸爽鲜美又能久存的酸鱼、鲊肉和虾酸，守得米汤番茄化身清爽醇和一锅好酸汤来成就大名鼎鼎的酸汤鱼。

酸汤是酸汤鱼的根底，自然讲究不少：喜爱鲜艳色泽的就来份毛辣角（此处“角”要念guo，即野生番茄）撒盐封坛而成的“红酸”；中意清爽的不妨试试清米汤发酵的“白酸”；想来点儿火辣的？那就“红油酸”好了，糟辣椒炒香出油加新鲜毛辣角熬制，配上一条鲜活现宰的江鱼，保你吃得痛快淋漓。

等等！从沸汤里捞出鱼肉直接吃当然没什么不可以，但却少了些味道，一不小心还会烫了嘴，这时就该“蘸水”出场了。不用酱油不用醋，只是辣椒面、盐、葱末、蒜泥、切碎的折耳根、炸酥的黄豆粒儿，加上一块腐乳，再从锅里舀一勺酸汤研开和匀就行了。鱼肉过蘸水，既降温又增味，这一步可少不得。

最后，不撒上几滴木姜子油的酸汤鱼绝不是正宗的贵州酸汤鱼。这种香辛料初尝冲鼻古怪，等到吃惯了，那可是会欲罢不能的呢！

## 何处吃

### · 老凯俚酸汤鱼

贵阳云岩区省府路12号

是的，这是家连锁店，座位有点挤，穿着民族服饰端汤送菜的姑娘们如今也不算稀奇，但交通方便，口味有保障。人多就选条大鲶鱼，一个人也还好，称几条黄辣丁（昂刺鱼）刚刚好。试试腊排骨、米豆腐和甜甜糯糯的小米醉。酸汤除了鱼还有牛肉，而**牛滚荡生态园**（凯里市清江路56号）长于此道，山庄模样的门脸不小，座位却多是矮桌子小椅子，也算别有一番风味。酸汤牛肉汤爽肉嫩，注意喷香的牛骨髓吃多了容易腻哦。

## 【不得不试的贵州味道】

### 酸汤丝娃娃

丝娃娃不是娃娃，是一道贵阳小吃。十几种清爽小菜铺排一桌，自己动手捡了包进薄纸一般的米饼“皮儿”里，再浇上半勺辣椒蘸水，这会儿可不能讲究斯文，得整个塞

（左上）贵州麻塘，革家人的酸汤午餐。沐昀 摄（右）贵州凯里，酸汤角角鱼（黄辣丁）。沐昀 摄

进嘴里，小口慢咬只会流得满手汁儿。传统蘸水不过是酱醋辣椒酥黄豆折耳根之类，如今却有店家添上了一碗清亮的酸汤，是浇是蘸任君随意，若是忍不住喝一大口，嘿，酸得浑身一激灵，沁凉透心，暑热全消。

## 盐酸是道菜

盐酸也不是那个化学课上的“盐酸”，而是布依人家的腌菜，堪称是集酸甜苦辣咸于一身的咸菜之大成者，朴素点儿的直接过饭过粥，馋肉了就蒸个肘子、扣肉，最是百搭。

## 酸菜豆米汤

我们最喜欢的，却是这道很不起眼的汤。酸菜、酸汤加上煮得粉粉的豆子，一定不能清汤寡水，汤要煮出绵绵沙沙的口感，一勺子下去舀起半勺豆米酸菜才是好。

# 粉 面 饭

## 【主食三宝】

说起早餐，随便抓个贵阳人问问，他多半会说：“粉一定要酸粉，面一定是肠旺，糯米饭是必需的！”但更讲究的老饕会建议你到黔东南去寻觅糯米饭，因为“烤五花肉更大块，酸菜更正宗，糯米也清香得多”。

肠旺面算是贵阳人的心头好，不但好吃，而且谐音“常旺”，十足好意头。细论起来，肠是肥肠，洗净加料炖煮，越肥越香；旺是血旺，猪血切片，滚水里一汆，又嫩又滑，搛在筷尖上颤颤巍巍就是不断；面是黄澄澄的手工鸭蛋或鸡蛋面，吃口爽脆不粘牙。除此以外，吃肠旺面还有个秘密武器，名曰“脆哨”——五花肉或猪颈肉切丁，熬猪油一样慢慢炸到走油酥脆，调味出锅后，肥处松酥，瘦肉香脆，一口咬下满嘴香。撒一把到碗里，配上软糯的肥肠、嫩滑的血旺、爽脆的面条、鲜美红亮的汤头，绝对让人停不了口。

至于酸粉，又是一款贵阳人的乡愁味道。恰如北京的豆汁儿，不是本地人便难解其中味。要说人见人爱还得数牛、羊肉粉。在贵阳吃牛肉粉必言花溪。白切还是红烧？不，这是个错误问题。软烂入味的红烧牛肉，嚼劲刚好的切片牛肉，再加一只卤蛋、几片爽口泡菜酸莲白（贵州话称包菜为“莲花白”）、原汁汤水，热热闹闹挤满一碗，这才算是正宗花溪牛肉粉。

如果你是个早起艰难的夜猫子，那也没关系，粉面店从早开到晚，不用着急。

GUIZHOU
年 月 日
贵州

## 当辣椒、鸡丁遇上米皮

米皮这样东西，放在湖南叫"扁粉"，放在广东叫"河粉"，还有地方叫卷粉……到了贵州，就是"米皮"——米浆摊成一张皮，卷起、切段、抖开，便是宽而雪白的一条条。

鸡丁米皮不算太多见，但你若是遇到，就千万不要错过。它以地道贵州辣子鸡为臊，骨汤清爽，碧绿的芫荽、葱花更是别添一分滋味。和那道同名川菜不同，贵州辣子鸡是用姜、蒜、辣椒等一起舂烂而成的糍粑辣椒与连骨带皮的鸡块炒制而成，湿润红亮，滋味丰富。若是碰上店家当街摆开大锅炒鸡，那香气便一阵追着一阵飘出来，只闻着，口水就快要滴下来。

贵阳更多的是红油米皮。这款米皮以素拌为主，顶多加点儿肉末，辣椒才是它的灵魂。店家通常会备有几种辣椒供选择，若吃不了太辣，就试试香而不辣的花溪辣椒吧。

无论米粉还是米皮都讲究当天现做。贵州人管烫米皮/粉叫"冒"，新鲜的米粉米皮根本无需煮，只用大漏勺兜着在滚水锅里上下颠几颠冒一冒，立刻热气腾腾，软硬韧劲儿都刚刚好。

## 何处吃

### · 金牌罗记肠旺面

贵阳蔡家街路口（近中山东路）

贵阳曾选出"十大牛肉粉、肠旺面"，按图索骥是个好办法。这一家店面不大，赶上饭点儿队却排得长，也卖米粉，哨（臊）子更是花样不少，想一网打尽的话，不妨来碗软哨鸡肠旺面，足足半碗的哨（臊）子浇头绝对让人惊喜。从20世纪70年代开店至今的**花溪飞碗牛肉粉**（花阏路集贸市场内）和对门的**花溪王记牛肉粉**打了不少年的擂台，哪家更胜一筹众说纷纭，实在难以抉择的话，就选排队长的那家吧。

（下）贵州凯里，下司镇，晒制鸡蛋面。沐昀 摄

GUIZHOU 年 月 日 贵州

# 贵阳夜市

## 【何须舂米为夜食】

一个没有夜市的城市，总是少了几分热闹喧腾的烟火气。华灯初上，呼朋引伴，拖把塑料凳子坐定街头，大口喝啤酒，大块吃烤肉，身边滋啦啦的油锅声、点菜催菜声、闲聊欢笑声汇成一片，辣的、香的、炭火的气息混在一起，浸透了空气里的每一个小分子，人顿时就踏实下来。

贵州美食多，要一站尝遍，首推贵阳，要一顿吃够，就得去夜市。吃夜市人不能少，否则不但不热闹，还不够效率。在这里，你可以边走边吃，也可以找个烤鱼或是炒菜摊子坐下来，一人看着位子，其他人就散开觅食去吧。若是相中了别家摊子上的炒菜，点好菜付好钱，只管回座位等着，一会儿热菜就会送货上桌。

如果能吃辣，一定要试试恋爱豆腐果。5厘米见方、1厘米厚薄的豆腐块过碱水微微发酵，放在铁丝网上用柏木屑烤到表面焦黄，慢慢膨起，拿锋利的竹篾子划开一侧就成了个豆腐口袋，内里还是雪白滚烫的嫩豆腐，灌一勺辣椒调料到里面。一口咬下，表皮的焦香、内里的稀嫩、调料里黄豆粒的酥与折耳根的脆在唇齿间参差错落，烫、辣、酸、咸瞬间爆开……准备好冻酸奶了吗？赶紧喝一大口缓缓，小心激出眼泪来。记得千万别饿着肚子吃，会胃疼的。

若要温和一点的，烤洋芋粑（土豆饼）、臭豆腐都别有风味；黄澄澄的黄糕粑无论是煎是蒸都值得尝尝，甜甜糯糯，孩子们一定喜欢。

## 恋爱与豆腐的缘分

简简单单一个烤豆腐果儿为什么要叫恋爱豆腐呢？有文艺青年说，因为它又热又辣，能让吃的人流泪却又忘不了舍不掉，就像爱情一样。

另一个故事显然更朴实些。抗日战争时期，日军曾对贵州实施空袭达5年之久，其间投弹近900枚。贵阳正是遭受空袭的重灾区，而市郊一对老夫妻平时烤制豆腐果的几间茅屋就成了人们躲避空袭的地方。老夫妻看着人们挤在茅屋里，一躲就是大半天，不能回家，更常常饿着肚子没饭吃，便干脆支开摊子烤豆腐果来供餐。豆腐果做起来快，吃起来方便，价钱又便宜，很快得到了人们的喜爱。甚至还有恋爱中的年轻人干脆坐下来，端着一盘辣椒蘸水边吃边聊。不但如此，来吃东西的年轻人多了，也有人就此暗生情愫甚至两情相悦起来。小小茅屋俨然成了漫天炮弹下的一方甜蜜乐土。渐渐地，“恋爱豆腐果”的名字便传了开去，一直流传到今天。

## 何处吃

### · 贵阳青云路夜市街

贵阳夜市多，合群路资格老，陕西路烧烤成排，二七路主打民族牌，博爱路并蓄中西……而青云路却是难得的干净整洁，近兴关路一带最是热闹，夏天傍晚6点多就陆续开市，不过要气氛好还得再晚一些。号称城内最正宗的“留一手烤鱼”就在这里。

（左、右下）贵州的夜市。沐昀 摄

# 酒

中国制酒的历史源远流长，据说六千年前就开始人工酿酒，早期的酒是纯发酵酿造，类似今天的黄酒。宋元时，由于蒸馏器的发明，举世闻名的白酒诞生了。古今多少事，与酒相伴相生。酒中有诗文，酒中有礼仪，酒中有隐逸，酒中有豪杰，酒中有天涯孤旅，酒中有阖家团圆……

一场美食之旅，岂能无酒相伴？

## |白酒|

白酒是最能代表中国的酒。各种中国名酒的排名里，白酒总是占据了大部分的座次。

川黔是出产名酒的圣地，尤其是赤水河、宜宾、泸州一带，有“白酒金三角”之称，出产茅台、郎酒、董酒、五粮液、泸州老窖等国家级名酒。其中，茅台和郎酒是酱香型的代表，五粮液是浓香型的代表。山西、江苏、安徽等省份也有好酒（汾酒、洋河、古井贡等），几乎中国的每个省市都有自己的白酒品牌，所区别的只是知名度的远近而已。

名酒行销于大江南北，只要荷包充盈，想多喝几种根本不是难事，但在产地也能获得独特的体验——空气中弥漫着酒糟的香气，有些酒厂可供游客参观，还能找到一些性价比很高的二三线品牌。各省的糖酒会、农博会是寻访小品牌的最佳场所。

青海互助的青稞酒、贵州的金沙回沙酒、云南的鹤庆乾酒、浙江兰溪的梅江烧都是白酒爱好者在当地值得尝试的选择。

## |药酒|

药酒是添加了中药材，可以用于治疗保健的酒。知名品牌如劲酒、鸿茅、竹叶青等。各地很多餐馆会提供泡着药材的散酒，其中的药材五花八门，如人参、鹿茸、蛇、海马、枸杞、五味子等。也有用水果泡酒的，比如梅子酒、木瓜酒，取的是口味的添加，药用价值反在其次了。还有在酒曲中就添加药材的做法，口感要比普通的粮食酒更丰富一些。

阆中的保宁压酒、贵州的九阡酒，都是酒曲中加药材的制法，值得一尝。泡制类酒中，云南的杨林肥酒，功效和口感都和竹叶青差不多，但价格便宜很多。致中和的五加皮有补益肝肾的功效，价格亲民。

## |黄酒|

说起黄酒，很容易联想起烟雨江南。黄酒在华东地区比较流行，尤其是江浙沪闽，以绍兴酒为代表。黄酒一般以大米为原料，是未经蒸馏的发酵酒，酒精度在十多度，色泽浅黄至深褐，味道醇和。按照含糖量的多少，黄酒可以分为干型、半干型、半甜型、甜型等。甜型的黄酒比较好上口，你在绍兴咸亨酒店喝到的太雕就是这种，但糖分太多盖住了本味。老酒鬼更偏爱半干型的如加饭酒。黄酒的好坏，最关键是一个鲜字，鲜来源于黄酒中的多种氨基酸，这也使得黄酒有了液体蛋糕的别称。

绍兴人喝黄酒是挑牌子的，会稽山、古越龙山、塔牌都是可以接受的老牌子。酒越陈越香，三年以上的可以达到饮用级。瓶装酒往往是新陈勾兑出来的，年份上最靠谱的还是大坛的黄酒。

进入21世纪，改良黄酒比较流行，是

在黄酒中加入枸杞、大枣、蜂蜜等成分，获得更好的口感，比如上海的石库门老酒。但改良黄酒很难当得起“鲜”字的评价。

## | 啤酒 |

中国是啤酒消费大国，青岛、雪花、燕京三大啤酒集团占据了市场的半壁江山。

青岛啤酒的历史最悠久，其前身是20世纪初英德商人开办的啤酒厂。每年夏天，青岛啤酒节都吸引了大量的酒友。青岛啤酒厂的博物馆也值得造访，参观者可以获赠一杯原浆啤酒和一杯纯生。在青岛街头还有不少售卖鲜啤的小店，鲜啤是用塑料袋装的，附赠一根吸管。边吸啤酒边走路的青岛人，是一道独特的风景。

地方性的啤酒，值得一提的是新疆啤酒和拉萨啤酒，口感相当不错。拉萨啤酒还特别生产了一款以青稞为原料的啤酒，到西藏不应错过。

## | 葡萄酒 |

葡萄酒是舶来品，唐诗中就有对葡萄酒的赞颂。如今中国自产的葡萄酒品牌有张裕、长城、王朝等，大多位于华北。边远省份也有葡萄酒，比如云南的云南红、新疆的新天、吉林的通化。

云南的葡萄酒历史悠久，18世纪中叶，法国传教士已经在澜沧江旁的茨中种植葡萄并酿制红酒。如今，茨中的教堂和藏民依然有酿制葡萄酒的传统，每斤红酒价格一二十元，可谓价廉物美。香格里拉有藏秘干红和干白，是采用青稞为原料，用葡萄酒工艺制成的，口感清纯。

以下葡萄酒产地虽然相对不算出名，但品质会让你眼前一亮：宁夏贺兰山、山西乡宁、河北怀来、新疆焉耆、新疆石河子。如果你前往这些地方，别忘了去寻访一下当地的酒庄。

GETTYIMAGES 提供

# 广西

大概没有什么人能说清楚「广西菜」是个什么玩意儿，以至于在广西的官方机构推广「桂菜」这个概念时，还要组织人们讨论「桂菜与湘菜的区别」、「桂菜与粤菜的区别」。你看，广西就是这么分裂。

广西的边界性很有趣，有时候归为华南，有时候又归为西南，朝向哪边身段都很灵活，如果不是隔着国界，大概也是可以跟河内的饮食“攀一攀亲戚”。梧州到北部湾的桂东南说着粤语，饮食也如广东一样原汁原味，甚至不少菜品和小食还赢过广东；老省府桂林以及旁边的柳州，说着西南官话，吃食大有湘西风采，火辣的程度完全不逊色于层层叠叠的剁椒堆积出来的湘菜；而山区里的壮苗瑶同胞，嗜酸嗜辣，酸起来和贵州的少数民族风味有着异曲同工之妙。

正是这种多元性，也因了山海相宜的环境，广西人在食材的采用上，才炫目得让人惊讶。常有人说“广东人什么都吃”，但跟广西饮食不拘一格的野味十足比起来，广东人几乎显得过于典雅端庄。改革开放之后，原先差异很大的广西各市得到了充分交流，普通话成为广西尤其是南宁的主流用语，而各地的食材和烹饪手法亦得到交流，在南宁的食店里，同桌有北部湾鲜甜的海产，亦有桂北火爆的山珍，已经成为一种常态。

相比起广西菜，全国人民印象更深刻的是广西的米粉。今时今日，“桂林米粉”已经成为和“兰州拉面”、“沙县小吃”并称的中国三大庶民料理。只是吃过外地大城市那些普遍不好吃的桂林米粉的桂林人，大概都懊恼得不行——没有漓江的无敌山水，桂林米粉的形和魂都无法存在下去了。

地，瑶族人炊制午餐。CFP 提供

# 三大米粉

## 【广西式早餐的古今大战】

广西米粉。GETTYIMAGES 提供

在外地吃到一碗加有生菜、番茄和几片牛肉、汤水浸满、一眼就看出是干粉发出的所谓“桂林米粉”，实在不能不让人想掀桌子。真正桂林米粉的精华，就在那里用桂林的水每天做出。白嫩滑软的新鲜米粉，配上各家秘制的一勺卤水，放几片叉烧或者锅烧（炸酥的五花肉），撒点酥黄豆和酸豆角，美美一拌，一整天都能神清气爽。

在桂林米粉、柳州螺蛳粉和南宁老友粉这三大王牌当中，桂林米粉是最秀气雅致的——就像白先勇的文字和戏曲一样。螺蛳粉和老友粉则有着一股不羁的江湖气息。这并不奇怪，桂林毕竟是老省府和文人辈出的地方，米粉的传统源远流长，自漓江上游的兴安而来。螺蛳粉则是民间排档于炒螺蛳后，利用边角料和泼辣口味的大胆创制。婉约的细微处很难学到，但泼辣不羁自然就意味着并无定法，只要用料足，大致都不会坏。这可能就是你很难在大城市中觅得一碗合格的桂林米粉，却能找到算得上刺激的、也够好吃的螺蛳粉的原因。

老友粉的历史介于桂林米粉和螺蛳粉之间，用的是宽粉，要是创造于今日，大概可以命名为“基友粉”。据说是几位老哥们成天泡在一起喝茶，却发现某位仁兄卧床不起好几日没来，茶馆老板自做主做了一碗酸酸辣辣的米粉送到床前，那位病怏怏的仁兄吃完大汗淋漓，满血复活。事后手书“老友常来”牌匾赠予茶馆老板，这个酸笋特色浓郁的煮河粉从此就被叫作“老友粉”。

### 何处吃

#### · 南宁中山路美食街

想一时一地一网打尽广西的著名米粉，那么南宁的不夜城中山路就成了必然之选。从白天到黑夜，这里几乎是二十四小时运转地提供全广西的特色美食，本地的老友粉自不必说，柳州螺蛳粉和桂林米粉也算是你在原产地之外的最好选择。

### 【那些不太有名的广西米粉】

事实上，广西全境到处是好吃的米粉。有样貌平常、但汤头和浇头鲜得一口难忘的，玉林的牛腩粉、北海的猪脚粉都是这样的功夫派。

让人眼前一亮的是那些形制特别的米粉。南宁郊外蒲庙的“生榨粉”吃的也是一个鲜字，但重点不是浇头，而是米粉是在你眼前成为线型，真正是现做现吃，自带一股米粿刚制成的酸鲜。融安的滤粉做法与生榨粉相似，口感更为滑嫩。在中山路，你还能吃到形若虫子的粉虫，其实那不过也是米粉团通过带漏洞的容器而做成的“小蝌蚪”。越南东传的卷筒粉外形与广东西传的肠粉略似但实则不同，百色的卷筒粉里料更多，浇上一点辣汁，一咬就停不下来。

# 白切

## 【清水出芙蓉的南方执念】

最能表明桂东南与广东渊源的现象，除了粤语，大概就是街上食店“白切”二字随处可见。全广西最有名的“白切”之地属玉林市，而玉林又以陆川和博白的白切菜式最为有名。陆川是客家县，聚居着六十万客家人。客家人向来喜好原汁原味，白灼、白切之法一直属最家常的做法，白切猪杂牛杂都很美味，白切猪脚更是经典之作，堪称一绝。

白切这种技法，听起来简单，实则特别麻烦，对食材的要求也算最高，好在陆川本来就以猪闻名，猪肉皮薄肉嫩，脆而不腻。有原则的店家，一定是选用早上杀好的猪，剁下猪脚，洗净去毛，用竹片捆绑整齐，清水下锅。大火煮、冰水浸泡、小火煮，前前后后要两个多小时，直至筷子能轻轻捅破猪皮才关火。将猪脚摆放在竹篮里放凉，然后立刻放入冰箱冷藏。中午前来的食客就有福气了，那时店家会从冰柜取出猪脚，抽去大骨，切片装盘，薄如蝉翼、清香逼人的白切猪脚就摆上台面了。

单是食材好，必定不够。广西白切和广东、海南的技法基本一致，但一物一味，各有不同的蘸碟。而陆川白切猪脚必备的是五柳料（酸姜丝、酱瓜丝、泡椒丝、葱丝、芫荽丝）加陆川乌石酱油、蒜蓉和花生米调制的蘸碟，其中最大的奥妙，是陆川本土自酿的酱油。如果老饕去到玉林，定然不会错过乌石镇的酱料厂。一缸缸酱油就晒在那里。晒的时间越长，味道越美。买最好的回家，用平凡新鲜的食材点蘸，也能满室鲜香。

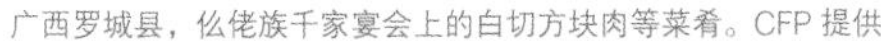
广西罗城县，仫佬族千家宴会上的白切方块肉等菜肴。CFP 提供

## 何处吃

### · 博港美食店（原名簸箕炊）

南宁悦宾路琅东16栋十四中对面

这间环境可称得上差、服务也颇不耐烦的博白小店开了很久，依然要排队，凭的完全是出品好。各处白切都浓香不腻，让食客宁愿顶着旁边洗车店的邋遢和汽车尾气也要坐下来吃。簸箕炊这个名字听着古怪，其实是粤西、海南和桂东南流传的一道传统米馃小食。不远的琅东菜市场旁边的**陆川七哥白切王**（祥滨路琅东八组50栋1号）则以白切猪手最为有名。

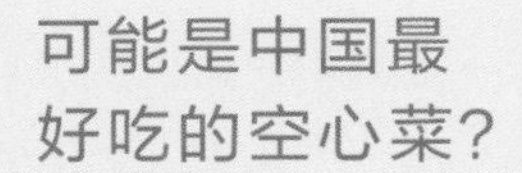

### 【可能是中国最好吃的空心菜？】

玉林地区食材繁盛，单单博白，不仅白切菜式闻名遐迩，荔枝桂圆亦甜蜜好味，而最独步于世的，则是看似普通的空心菜。博白的空心菜长得很特别，茎长几乎可以接近1米，只在茎末稀稀拉拉地长着尖细的嫩叶。初始者以为老，一烹制方知其无与伦比的鲜、脆、嫩。古时玉林府曾有过这样的说法：“陆川猪，北流鱼，博白靓蕹菜”，对待这样的好时蔬，白灼断生后放上生抽热油已极完美。

# 『惊悚』美食

老外们可以对一盘番茄炒蛋直接跪倒，也会把皮蛋列入世界十大惊悚食物，中国人对此只会撇一撇嘴，然后继续吃着面前那一盘味道别具一格的小菜——它可能是动物的某种器官，或者是一种普通食材的另类变化式……你想到了什么？

盘点惊悚美食，那些令人匪夷所思的食物大多出自南方，确切说是西南。我们精挑细选，按照段数分级，不如把这当成是美食闯关大赛，看你能不能挑战到最高级？

## 『惊讶级』

### | 兔头 |

手掌大小一个，脑壳带着眼窝，还隐约看到小舌头，齐刷刷摆在面前的时候，确实很阴森，这可是萌萌的小兔子啊！不过，成都人爱它如至宝，开发了卤水、麻辣、五香、怪味、生炒等各种滋味，每年吃掉几亿个，真不少你这一盘。

### | 猪脑 |

还记得《沉默的羔羊》中汉尼拔生煎人脑的场面吗？看到猪脑，有些人或有联想。火锅里烫猪脑，店家会给你一个小方盒子挂在锅沿上，便于捞取；烤脑花，通常盛在小金属碗里，麻辣口味配上粉腻的口感，非常过瘾。两广爱炖品，一盅盅天麻炖猪脑真够补了。

### | 豆汁 |

原本是绿豆淀粉的下脚料，竟然变成了一道小吃。客观评价是有轻微酸臭，说白了就是泔水味儿。讲究的老北京，非得配上切得极细的酱菜，还要个焦圈作陪，方才能热乎地吃顿早餐。不过，现在的豆汁大都改良过，接受程度高多了。

「惊诧级」

**| 折耳根 |**

第一次闻，十足的腥味扑鼻，完全符合它的另一个名字——鱼腥草。西南各地都吃折耳根，贵州人爱吃白色根部，云南人爱吃叶子，四川人则兼而食之，广西人却爱把根部切碎作为米粉的配料。凉拌折耳根很常见，贵州人还拿它炒肉片，川中有种吃法，小肠汤里加折耳根，倒是非常搭。友情提示，如果第一次尝试，还是从叶子开始为好。

**| 旺鸡蛋 |**

李碧华的《饺子》够惊悚吧？旺鸡蛋就是一种胚胎，它又叫毛鸡蛋，江浙一带也称喜蛋，福建漳州则叫鸡仔胎，另有一种叫活珠子，简单来说，前三者就是胎死腹中，后者则是到时间打胎。不过它的确是民间治疗头痛的偏方。在中越交界的广西，还有一种屈头蛋，是鸭蛋的胚胎，剪碎后拌上调料吃，味道不错。

**| 臭苋菜梗 |**

腌制咸菜南北皆有，味道也各异，但宁波人和绍兴人却偏爱臭菜，臭苋菜梗首当其冲。

「惊悚级」

**| 软的虫，硬的虫 |**

粤菜素来讲求卖相，但食虫文化可谓另类。“和味龙虱桂花蝉”，前者形似蟑螂，去翅除肠后吃起来，竟然有龙虾感。另有饱满丰腴的禾虫，味道也是甘香鲜美。“田基美食”不知是从什么朝代流行起来，第一个尝试的人究竟饿到什么程度？真是千古谜题。

“三只蚊子一盘菜”的云南也毫不示弱。南部各州都爱吃虫，竹虫、蜂蛹、蚂蚱、花蜘蛛……面对虫子每个人都有心理障碍，但高纯蛋白质在嘴里爆裂的感觉，会让你爱上它们。当然，别漏了傣家名菜蚂蚁蛋，凉拌煎炸都可口。

**| 老鼠干 |**

当然是田鼠做的，老鼠肉比猪肉可嫩多了，可是你下得了口吗？在两广地区，也经常有烤田鼠出现，如果吃完再告诉你是啥，估计有人要跑卫生间了。

**| 凉拌血肉 |**

如果你觉得朝鲜族的生拌牛肉算惊悚，那么云南人民又要笑了。不妨先到大理古城，赶早去吃个生皮：猪杀完后用火褪毛，然后趁着新鲜，连皮带肉切丝或者切片吃。一路往南，到保山一早吃个红生，猪里脊肉切成肉茸，用水腌菜拌着吃。在更南边的临沧，红生里不仅有肉还有生猪血，有人还在版纳吃过牛的版本。现在去到昆明，如果恰好遇到过年，省城附近就有不少茹毛饮血处。富民人家里，凉拌生猪血和生羊血是必备菜，而宜良人招待贵客也会将新鲜猪肝剁碎，加上调料拌成糊糊端上来。据说新鲜凝结的猪血口感好似果冻，记得吃进口中自拍一张看看。

**| 撒撇和牛羊瘪 |**

吃完大荤，当然要清清火，傣家人的“撒撇”值得一试。牛撒撇，将生牛肉剁成肉泥，佐以煮沸过滤的牛苦肠水，调配多种佐料，然后加米线搅拌食之。同样的还有撒达鲁（猪肉撒撇）和巴撒（鱼肉撒撇）。刚吃起来有些苦，之后会有回甘，想想这可是牛消化百草而来的精华，绝对清热解毒。

如果还要更上一层楼，那么就去侗家领略一下牛羊瘪。牛羊胃中尚未消化的草类液体和胃液过滤后煮沸成为“瘪”，在烹制牛羊肉的时候，加入一些，这可是类似药膳的待客上品。“未煮之前臭草味，正煮之时牛粪味，入口之初微苦味，饭后才知菜香味。”很多人望而却步，你呢？

图片由 GETTYIMAGES 提供

# 东北

要是走到哪里都只惦记着猪肉炖粉条，你一定会错过东北大地上的精彩。虽说三省同源，但历史上的风云往事也给三省各自的饮食留下了独特的烙印。在哈尔滨中央大街上吃一顿有情调的俄餐，再溜达到哈尔滨道外的百年老字号熏酱店吃肉喝酒。长春不起眼小馆子里的老牌大厨居然给末代皇帝溥仪做过饭，沈阳的老字号餐馆里的招牌菜自然是少帅张学良钦点。大连海边的海鲜烧烤配啤酒，又是另一个饕餮世界。

东北三省移民多来自山东，所以东北菜也继承了鲁菜最擅长的熘炒勾芡。不过北方物产比不得中原丰富，就用更浓郁的熏酱卤来增添滋味。家常菜分量大、刀工粗，但

东北食物的精彩远不止一锅乱炖。水域丰富的平原上，江鱼跃、湖鱼肥，华丽的俄式建筑里有同样精致的俄餐。在外表邋遢趣闻多的家常菜馆里发现粗线条下的细腻，再让朝鲜族菜简单大气的滋味唤醒你的味蕾。

地道不地道，往往就是吃个不多加修饰的味道。比如最家常的地三鲜，怎么把土豆、茄子和青椒做出地里长出的原鲜味，才是最考验厨师手艺的。

少数民族风味也是东北美食的一大亮点。虽然现在韩餐馆遍地开花，但比起西化了的韩国菜，东北朝鲜族菜更质朴简单，漂亮的烤牛肉配上红火的辣酱，绝不用沙拉酱奶酪冗饰。而街津口赫哲族的杀生鱼和查干湖蒙古族的锅台鱼，除了品尝滋味，吃得更多的是难得一见的体验。不管是夏日在江口看捕鱼片鱼的爽利，还是冬天在冰面看网起鱼飞的欢腾，东北少数民族性格里的豪迈，都在他们的鱼菜里，满满一大盘。

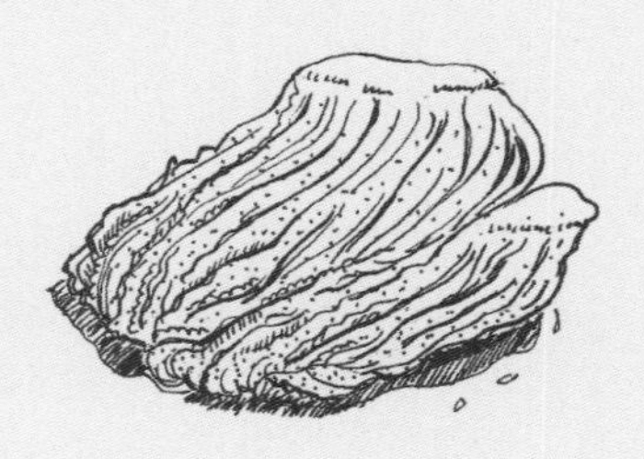

农家乐。CFP 提供

# 东北的鱼

## 【江河湖海，新鲜吃遍】

“棒打狍子瓢舀鱼”可不是在吹牛。大东北除了绵延山林里的榛蘑、平原上一望无际的苞米地，更是水文多样渔获丰饶的好地方。黑龙江在北边划出一道国境线，东边乌苏里江奔腾汇流，西面科尔沁草原上的查干湖是一颗明珠，中部有截松花江而成的静美松花湖。东北一直给人内陆的印象，而往南到辽宁，从丹东到大连再到锦州、葫芦岛的曲折海岸线并不短，这也给沿线居民带来了丰富的海产。

东北得天独厚的自然环境，使得这里不论江河还是湖泊里的鱼类都肉质细腻，口感鲜美。黑龙江这条壮美的大江，滋养出的鱼类也身强体壮：鲟鳇鱼、大马哈鱼，名字里就透出蓬勃爽口的野性。鲟鳇鱼因古老稀有，巨大的甚至能卖上十几万天价，肥嫩的大马哈鱼，从鱼肉到鱼籽都是俄餐里的顶级食材。狗鱼是乌苏里江特产，因凶猛贪食所以肉质肥硕又紧致。查干湖因水质纯净，特产的胖头鱼肉质鲜甜几乎没有鱼腥。松花湖虽然是人工水库湖，但四围青山环抱，湖产的松花白鱼曾是满清御宴贡品，鲜甜滋味如今寻常百姓也能尝到。

辽宁因为与山东的地缘联系，家常烹鱼基本都是鲁味儿的，清蒸白灼，咸中透鲜。不过这里的海产远不止一个鱼字。仲夏夜大连的海鲜烧烤大排档上，海蛎、海肠，贝壳、大虾，热热闹闹地用炭火烤上一盘，配上啤酒吃个痛快。

（左）、（右下）吉林松原，查干湖上的冬捕鱼活动。CFP 提供

# 东北鱼体验

在东北旅行，夏季有万物的勃发生机，冬季是冰雪的肃然之美。这时也是吃鱼的好季节，在街津口和查干湖，除了尝鱼鲜，更有新鲜的鱼体验。

夏季平原江水奔腾澎湃，在黑龙江东端的同江，黑龙江和乌苏里江交汇的水面更是浩淼得望不见岸。世代生活在江边**街津口**的赫哲族仍保留着渔猎习惯，“杀生鱼”是他们富有自然野性的菜肴。把新鲜黑鱼或鲤鱼生杀活剐，观看刀法都让你胆战心惊，最好的部位切成粉嫩鱼丝，加江葱黄瓜生拌即可入口。吃杀生鱼还必须喝白酒，杀菌是一说，大块生肉，大口烈酒，这是赫哲族的“生性”（东北方言，指大胆的活力）。

冬季冰封千里，万物沉寂，但在松原**查干湖**，冬月却是最热闹的捕鱼季。蒙古族传承千年的冬捕技艺，让旅行者站在冰面上连看几小时忘了严寒，东北人性子里有着浮夸的豪气，每年抢拍头网头鱼，三五八万不差钱。在严冬，辣酱汁炖上热腾腾的锅台鱼，最能吃得舒畅满头汗。辛勤劳作了一个月的渔民，在春节时摆一桌子鱼宴，年年有余好过年。

# 俄餐

【白俄时代的优雅留影】

如果东北的城市争论谁最洋气，哈尔滨一定是在旁边抱手微笑的那一个。这座欧洲人带来的城市，一开始就充满异域色彩。20世纪初的东北亚风云际会，犹太商人和没落的俄国贵族在哈尔滨找到了新的机遇，从此这座城市就与俄国结下缘，西式风情从建筑到食物一层层渗透至今。

哈尔滨人对俄国的感情很复杂，但对于俄餐则有一种简单的热爱。不少老哈们自家会做友谊宫配方的俄式酸黄瓜，去中央大街上的老字号排队买面包、吃雪糕都是生活日常，招待远道而来的朋友，第一顿也必然是俄餐。

虽然源自俄国，哈式俄餐也演变出了自己的特点。罐焖菜在俄罗斯比较普通，而在现代哈式俄餐里却是最重要的主菜，并有口语化的简称：罐牛、罐羊、罐虾。不过比起上海的罗宋汤，哈尔滨红菜汤里真正有红菜头，更接近俄罗斯风味，有时也叫苏伯汤，“苏伯”在俄语里即是汤的意思。松花江是大马哈鱼洄游产籽的地方，所以在哈尔滨的俄餐里，很容易找到烟熏大马哈鱼和鱼子酱，比起别处的天价只是小贵。而红肠、大列巴、沙一克（小圆白面包）和格瓦斯这些俄式食物和饮品，则已完全融入了哈市人民的生活中。随着时代变迁，传统俄餐难寻，在马迭尔宾馆大厅里展出的俄国贵族的精美餐具，是那个时代俄餐的优雅留影。

## 何处吃

### · 哈尔滨中央大街

在东北吃俄餐首选哈尔滨，而哈尔滨有名的俄餐厅大多集中在中央大街。**华梅西餐厅**字号老名气大，**马迭尔宾馆**附属的餐厅更低调，此外还有擅长高加索菜的**塔道斯**，以及适合喝咖啡小坐的**露西亚**，路北端的**喀秋莎**由俄罗斯人经营。

## 【游边境吃俄餐】

黑龙江省和俄罗斯远东联邦区有着漫长的国境线，因此沿线有几座热闹的边境口岸。吃过哈尔滨的俄餐，你要是想尝尝更合俄人口味的俄国菜，可以到这三座城镇一游。

**黑河** 在黑龙江省北部，隔江就能望见布拉

（左上）哈尔滨，圣索菲亚教堂。CFP 提供（右）哈尔滨中央大街，华梅西餐厅开始贩卖的面包。CFP 提供

格维申斯克（海兰泡）的市容。因为环境舒适加上商业繁荣，不少俄罗斯人喜欢到这里休闲购物。在这里很容易找到**列娜餐厅**这样便宜得让人咋舌的俄餐馆：兼营东北菜但俄餐也地道，你很容易看见服务员操着一口流利的俄语，利索招待满屋的金发碧眼。

**绥芬河** 在黑龙江省东南，离符拉迪沃斯托克（海参崴）不远。这里的小商品批发业发达到几乎成了中俄贸易的晴雨表，又因是中东铁路东端重镇而留有一些美丽的旧俄建筑。绥芬河最有名的俄餐厅**马克西姆**曾经接待过来访的俄罗斯总统普京，所以来用餐的俄人多过中国人，也是情理之中。

**抚远** 是中国的“东方第一县”，与俄罗斯第四大城市哈巴罗夫斯克（伯利）相邻。到访颇受关注的黑瞎子岛和国境最东的乌苏镇，顺道尝尝这里环境口味俱佳的俄餐厅，食材新鲜度对得起价格。

# 朝鲜族菜

【吃香喝辣在东北】

吉林延吉市，餐厅的工作人员制作打糕。CFP 提供

吃惯辣椒的人在东北，顿顿小鸡蘑菇吃得嘴里发淡，这时要是拐进一家朝鲜族馆子，舌头就会被另一种辣味慰藉得服服帖帖。朝鲜族菜肴一般简称鲜族菜或朝族菜，不同于东北菜的清炖白灼，鲜族菜色彩火辣艳丽，又不同于口感丰富辣到过火的川湘菜，鲜族菜辣得单一又恰到好处。在鲜族菜里，辣酱是最重要的，不管石锅拌饭还是辣牛肉汤，辣酱都是点睛之笔。

在东北生活的百余万朝鲜族人民，生活习惯上保留着强烈的民族认同感，自成体系的饮食在东北菜里也独树一帜。寒温带山地物产不丰，而鲜族菜吃出了一种简单的大气：独特的石锅和石板，或煮或烤都把食材在高温里烹个淋漓通透，上桌色香味温齐全，在冷天里最能吃得肠胃服帖。烤肉则是丰盛的大菜，但美味不在于调料铺陈而是肉的部位，好品质的梅肉和五花肉，放在餐盘里就让人眼馋。传统里参鸡汤以稀为贵，不过长白山区特产的山参现已人工种植，伺候起来不比种萝卜难，入了寻常百姓家。鲜族菜里，狗肉也是宴席佳肴，不过所食用的狗肉基本是批量饲养所得，美食面前求同存异，有禁忌的食客小心避开即可。

不管是吃大菜还是家常，花样繁多的餐前小菜都不可缺，开胃又下酒。在地道的鲜族餐馆，小菜大多是免费又不限量的，吃出了人情的温暖趣味。

## 何处吃

虽然东北的许多城市都不缺鲜族餐馆，但要把花样吃全，请选择延吉市。市区不大，但既有老字号冷面馆和拌饭店，也有洋气的韩餐厅和咖啡馆，还有一条以狗肉闻名的“狗街”。在河边的水上市场还能找到地道的鲜族菜食材。

## 【鲜族美食吃啥哟】

**石锅拌饭** 受欢迎的主食，韩剧里女主角宅在家时也常吃。石锅蒸熟米饭加上蔬菜和蛋，用拌饭酱搅拌均匀即食。等上两分钟再拌，锅底就有一层香脆的锅巴。

**烤肉** 考究的大菜，一桌人自助烤肉最热闹。配菜简单，但肉的品质不含糊，都选用最漂亮的部分，稍加腌制保留肉的原味。

**冷面** 筋道的荞麦面配上时蔬、鸡蛋和牛肉片，加一勺酸爽的冷面汤，再用牛肉汁调味。夏天吃清爽开胃，有的冷面汤用苹果汁或梨汁提味，馋嘴的姑娘们就直接当饮料喝。

**酱汤** 做法随意家常，蔬菜、肉类和海鲜都能加到石锅里一起煮，好吃的关键是大豆制成的辣酱。如果整桌都是辣的食物，也可把酱汤换成清鲜的海带汤一起吃。

**辣白菜** 酸爽下饭，也是朝韩的国民小菜。在传统里，每年冬天每户人家都要封一坛辣白菜在门口的雪地里腌制。蕨菜、桔梗和苏子叶做成的小菜也有滋有味。

**烧烤** 受东北烤串的影响，朝鲜族发明了别致的烧烤。特点是把食材用酱汁腌制后，穿成串架在小烤炉上用明火烤，牛板筋和明太鱼最有民族风情。

# 东北家常菜

## 【糙里有细见功夫】

吉林市，农家过年杀猪，制作的农家菜。CFP 提供

东北人老说自己不讲究，大家也觉得东北菜大大咧咧地上不了台面，但许多东北家常菜，却是糙里有细见功夫。家常菜码大，盘子小了客人就不乐意，做法不过熘炒炝拌炖，看起来漫不经心，却总是能用不算丰富的食材搭配出自然的好口味。外人固有印象里东北人的身板和体魄，和家常菜的滋养大抵是分不开的。

酱骨头算家常菜里的头号功夫菜、妈妈菜。把连筋带肉的棒骨加调料一锅熬煮，大火煮熟换小火炖透，大酱调味上色，开盖一锅香。如果在饭店吃酱骨头，店家还会给几根吸管供你享用骨髓，就吃这个细节。土豆、茄子和青椒过油炸后熘炒叫地三鲜，三样蔬菜都是油越大越入味，所以要做得好吃又不腻是一个技术活，这道菜看似简单，却最能检验厨师手艺。拔丝地瓜是甜口菜，炸地瓜到糖稀里打个滚，看似做法简单，但要能拔出粘连不断的糖丝，地瓜和糖稀的火候都考验手艺。这道菜传到日本，因为很受大学生喜欢而得名“大学芋”。过冬太辛苦，得给嘴找点甜头，黏豆包上锅蒸时下面垫上一片玉米叶，就有了冬日里难得的植物清香，细腻不矫情。

让旅行者觉得东北家常菜糙的另一大原因，或许来自饭馆里随性的服务员：大大咧咧不太管事，和客人唠起来又亲得不留距离。不过，这就是东北人最可爱的真性子。

### 何处吃

好口碑的家常菜馆一般藏在旧居民区，邋遢店面背后有传奇。沈阳振兴街的铁**亭子豆腐馆**，多年只卖14个菜；长春北安路上的**于记烤酱炖菜馆**，最早的师傅曾是溥仪御厨；哈尔滨大安街上的**小昆仑饭店**，菜码和味道一样讲究。

## 【老字号下酒菜】

东北人爱喝酒，好酒得有好菜配，比起普通家常菜的胡炒乱炖，下酒菜要更仔细。老爷们瞧不上小年轻抱一箱酒海喝，自己溜达到边角小巷老店里，两菜合盘一瓶酒，一边吃喝一边想事，这才是喝酒的真享受。

长春老店真不同藏在离伪满皇宫不远的嘈杂街区，地板上油腻经年，但柜台里的小菜精致得让人垂涎。这里主打下酒凉卤，小肚和鸡丝卷的制作工艺层层包裹最考究，不少老客愿意穿过半个城来吃一盘。

哈尔滨道外曾经中式饭馆林立，热闹程度与中央大街比肩。如今的北大六道街虽然破败，但仍是有名的扒肉一条街。扒肉名字粗，但要炖好吃，除了肉质火候，还需蜜调味酱提色。许多儿时在道外度过的哈市人，每星期都想回去吃喝一顿。

在张作霖旧府沈阳，小什字街上的宝发园名菜馆，四个名菜由张学良钦点过：熘肝尖、熘腰花、熘黄花、煎丸子，爽滑香脆，全是下酒恩物。这家店名声响，喝酒时吵吵的人群不少，不过像少帅当年那样细品菜小酌酒，才是在老字号里最体面的吃喝范儿。

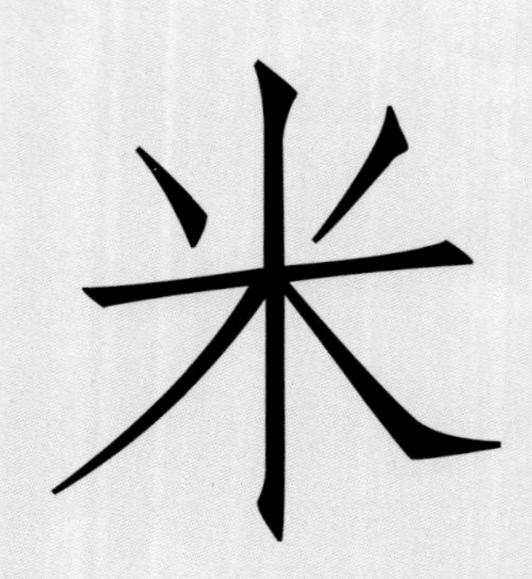


米在国人食物中占有重要地位。但米也很容易被人忽视。「苏湖熟，天下足」已是「老黄历」，早在咸丰年间，苏州府已经得仰靠湖北的稻米贸易才够吃，因为肥沃的田地在那时拿去养蚕做丝，今天则成了工厂。如今在辽阔的神州，普遍种植的杂交水稻口感不佳，重视米饭的餐厅也少之又少。想吃上香甜的白米饭不仅需要运气，还需要你努力去找。

### | 东北大米 |

冀鲁移民闯关东的第一代，依然保留着他们面食为主的饮食习惯。然而倔强的山东人遭遇了同样倔强的朝鲜移民，那就得看谁更犟了。朝鲜裔在寒冷的松花江平原成功种植了大米，使东北成为世界纬度最高的稻米产区之一。伪满洲国殖民时期，日本开垦团的农民亦带来了日本米的种植。种种因素，使得山东人的儿孙辈成为米饭的忠实拥趸，东北也成了国内口感最好的粳米产地。

### | 籼米 |

与米粒短、适合蒸煮的粳米不一样，华南普遍种植的长颗粒籼米是炒饭的绝好材料。增城丝苗米是过往的名牌，在西南地区的山谷或平坝，也有一些当地少数民族在种好吃的老品种稻米，在广西北部十万大山里，在云南西南靠近缅甸的芒市遮放坝，旧品种米口感皆可媲美泰国的茉莉香米，只是种植颇少，大多只供家庭食用。

### | 糯米 |

糯米是全中国最重要的点心制作原料之一，一道流行全国的甜点“酒酿汤圆”就是最好的代表：主料（汤圆）和辅料（酒酿）全是糯米做的。糯米制品不需要咸甜之争，因为它生来咸甜皆宜。南方很多地方流行糯米饭配上肉松和其他咸菜小菜当早餐的吃法，无论是上海、温州或是桂林都各有自己迷人的配方和风味。全中国曾经只有一个把糯米当主食的地区，即与老挝和泰北共享相同饮食文化的西双版纳，但它现在也和泰北一样转为白米饭为主了。

**| 粥 |**

粥可能是外国人最难以理解的米制食物，尤其粤港熬的颗粒消融的白粥。这种费时费力的白粥滚开，加上猪红、猪杂、滑鸡牛肉鱼片等新鲜食材，就成为华南茶楼里最受欢迎的早餐。其他地方的稀饭泡饭与之相比都显粗陋，唯独四川的豆汤饭能以豌豆的醇香找回一点面子。

**| 粿粽 |**

“粿”在康熙字典里的解释是“米食”，即米做成的食物。如此看来，潮州人的确是继承了传统，他们把各种不同形制的米制品都称为粿。萝卜糕叫作“菜头粿”，年糕叫作“甜粿”，米粉蒸成薄片切成条状叫作“粿条”。当你看到一个所谓马来（泰国）炒贵刁时，应该期待的是一盘类似炒河粉的东西，因为这个“贵刁”就是“粿条”的转译。

至于从福州到杭州都会做的“清明粿”或青团，其实是籼米和糯米混合磨出的米粉掺入了艾草之类的青草汁，弄成团子蒸熟，有各种馅儿的，也有不放馅儿的，是华东地区春来的象征之一。

**| 米粉 |**

这是一个庞大无比的家族，从浙江到台湾，从湖南到海南，南中国每个地区都有自己为数众多，口感和风味各异的米粉。通常来说，线状的叫米粉，条形的则很难有服众的称呼——沙河粉、粿条、宽粉、粄条、米干等都是你会遇见的称呼。还有一些米粉看起来难以归入这两类，譬如广东的陈村粉和布拉肠。总体来说，米粉的势力范围在温州、南昌和长沙一线的南方，在这个南方，无论去到哪里，早餐和宵夜一定能吃到当地特有的美味米粉。

**| 粽子 |**

粽子在传说中是纪念屈原的节令食品，所以一年吃一回的北方粽以甜味居多。南方不同种类的肉粽则势力强大，早就跳脱了节日食品的定义而成为日常小吃。嘉兴粽子是江南代表，肥美鲜香。泉州和台湾南部的粽子则会加上花生酱或粉，更香。

**| 年糕 |**

既为食米民族，米自然也是新年供奉之一。在北方，朝鲜族也会做年糕，算是打糕的一种，虽然烹饪调料不同，但它和江南的宁波年糕一样，都是咸党，炒来或做汤都很美味。华北、福建和广东的年糕则是甜党。

从客家地区到湘黔地区都流行的糍粑算是年糕的另一个版本，必须有舂糯米团这个动作，才有腊月将尽的年节氛围。

# 河南

罗马过了两千年还是罗马，开封过了一千年已不是开封。虽然今天河南的官家宴席仍然大气，但自身特点却日渐模糊，不少菜式看起来是淮扬菜和鲁菜的中原版本。倒是有些民间小吃，在开封鼓楼的灯火下闪闪诱人，像千年夜市的回光返照。

《东京梦华录》记载了30多种烹饪技法，这些技法现在仍然沿用，譬如中国历史上的第一份炒菜就出自开封的食馆。繁华的宋朝都城几乎奠定了后世中国餐饮业的基本面，桌凳的改良、炊具的更新、宴席的定式都在那时有了重大革新。现代的夜宴，看起来跟汴京差别并不大。所以河南饮食界自称是“中国美食的姥姥”，倒也不为过，很多今天的河南食物，都带有一个冗长的来源传说，譬如洛阳的水席，传说即为唐朝大宴的流传变化版。但“姥姥”的菜能不能得到孙儿辈的赞许，在饮食全国化的今天，并没有显而易见的结论。

河南人给豫菜定了四字真言即“中和五味”，这是典型的中原中庸之道，也坦率地表明了河南饮食因中原地利被四面八方影响的现状。对外地人来说，河南菜除了分量有足够诚意外，惊喜处大概要数那些造型特别、刀工精湛的菜品了。看过洛阳龙门精雕细琢的石雕，花园里雍容堂皇的牡丹后，在水席上品一品燕菜，倒是一种情境上的搭配。

燕菜同样是古代食物，传说中供过圣，那便是从长安搬迁至东京的则天皇帝。大盆白白净净的银丝由萝卜丝做成，沉甸甸，像讨好女皇芳心的聚宝盆，顶上加一朵银耳染为粉色的牡丹，自有一种极做作浮艳的富贵气象，像极了这些泥沙上复制起来的旧都风韵。

少林寺，僧人的早课。CFP 提供

# 烩面

【鲜面里的原汤情结】

鲤鱼焙面。金海 摄

“满席山珍味，全在一碗汤”，这是豫菜的大师傅们对烹饪用汤的重视，即使放在小吃上，这个原则也是一样的。最出名的河南烩面，精华亦全在汤上。

一碗美味的烩面，一定要选用上好的新鲜羊肉，经反复浸泡后下锅，撇出血沫，放入各家精选的秘制汤料，慢慢地将肉煮烂，熬出一锅乳白浓香的羊肉汤来。原汁原味的肉汤，配上韧性十足的宽面煮，佐以黄花菜、木耳、水粉条，上桌时倒上辣椒油和香菜，一碗下去，全身暖透。店家通常还会送上小碟糖蒜，尤配羊鲜。十几块钱就可以美美饱腹，因而成了中原地带最典型的风味小吃，在网上还被评为“中国最好吃的十碗面”之一。

要是你来自南方，那么看大师傅往锅里下面也是一种旅行享受，薄薄的面片，片刻拉成长长薄条，被师傅上下翻飞玩弄于股掌中，还没看清怎么回事，面已下锅煮熟了。

烩面在河南有两个招牌特别响亮，一个是方城烩面，另一个是原阳烩面。方城烩面师承于郑州烩面，又吸取了当地穆斯林烹制羊肉的优点，羊汤羊肉都极为鲜美。辣椒油更是当地才有，须得方城所产的小型红尖辣椒所制的辣椒面，加入羊油和香油，才有羊肉汤面上的这一抹香。

原阳烩面的秘方则是那一碗各种调料调制的羊肉老汤。

想要找点新意思，可以尝尝三鲜烩面。不过要提醒的是，这里边也有羊肉的。只不过是复合了三道高汤（鸡汤、骨汤、羊肉汤），将海参和鱿鱼与羊肉做伴，更为清鲜。

## 何处吃

### · 合记烩面

郑州花园路92号

几十年的老字号，现在仍然生意爆棚，店家号称始终坚持一碗一锅地现煮面条，滋味也确实浓香。如果你是肉食爱好者，那么要上味道不错的扒羊肉、酸辣广肚、酱牛肉和大葱烧海参这些典型的河南硬菜来配汤面再好不过。另外一家老字号**裕丰源**（伊河路桐柏路口）在郑州市民心中也维持着好吃的名声。

## 【鲤鱼焙面】

由糖醋鲤鱼和焙面两道菜混合而成的鲤鱼焙面能成为豫菜代表，大抵还是因为它恰好合并了两个河南饮食的重要部分：黄河鲤鱼、面。

糖醋鲤鱼在《东京梦华录》就有记载，不知道是不是当时的京城人南迁武林带去糖醋口味而发明了西湖醋鱼。总之，对一个河南人来说，野生黄河鲤鱼大约就是乡土食材的最高礼赞。据说最佳的是开封黑岗口至兰考东头这段黄河出产的鲤鱼，可是现在哪里去找野生鲤鱼呢？小浪底水电站放水的时候可能有鱼，但也可能是水库里养的。

鲤鱼焙面是先吃糖醋鲤鱼，再把溜汁重新烧过后，用焙过的龙须面蘸着吃，鱼肉鲜嫩，焙面香酥。守规矩的餐厅，上菜的时候会两盘并列摆放，但现在很多店会直接把面盖在鱼上，结果热气一蒸，焙龙须面的酥脆也就消失了。

# 胡辣汤

## 一场二胡乱中原的战争

冬日早晨的羊肉汤。金海 摄

河南人对汤的重视，从早上就开始了。这有点像个玩笑，因为跟羊肉烩面、牛肉汤和其他汤水大菜比起来，尤其在南方人的眼里看起来，河南人的早餐标配胡辣汤几乎就不能称之为汤，而是更接近一种勾过芡的糊糊。它那说不出是棕黄或红褐的色泽，些微的中药味会让你疑心这是不是药。犹犹豫豫间，喝下去也就觉得香了，浓汤里有面筋、牛肉或羊肉，有的还有黄花菜；放点辣椒，呼啦啦吞下去，顶好再配上油条或油饼，暖胃暖身，不辜负北方清凉的早晨。

在河南的每一个城镇，甚至大一点的村庄，每天早晨都能看到热气腾腾熬胡辣汤的大锅。靠胡辣汤拼生活的男女用一柄长勺不停地在汤锅里搅拌，辛香就施施然飘到大街上和空气中。这碗浓汤，由炖肉、胡椒、花椒等加入不知道有几种的中草药慢慢熬制，汤汁的黏稠感能完美地包裹那些汤料，又不至于太黏稠而导致难以分辨，就像在混沌的中原旅行，你总是在一些莫名其妙、看似摩登的形象和场合意识到，哦，其实这是古时候的东西。

有流行就有派别，胡辣汤在河南，也有两个非常耀眼的派别。一是周口市西华县逍遥镇，二是漯河市舞阳县北舞渡镇。逍遥镇和北舞渡这么江湖的名字，竟也刀光剑影地比拼过。

以前，逍遥镇的胡辣汤，青色大铝锅盛汤，放牛肉片，中药味和辣味都很浓；北舞渡的汤则用黄色大铜锅盛汤，汤味绵润，放羊肉块。然而竞争至今，早已你中有我，我中有你，羊肉或牛肉，早不是什么事了。

### 何处吃

无论是郑州、开封或洛阳，胡辣汤都是早餐的第一选项，所以只要你早起就一定能吃到。逍遥镇和北舞渡镇的派别也是任君选择。虽然出现了188元的豪华版胡辣汤，不过，绝大多数胡辣汤的价格还是在5元以内。

## 【洛阳小吃】

在洛阳，除了羊肉烩面和胡辣汤，可以一尝的小吃还颇不少。最简朴的小吃，大约是甜面片，所谓甜，即是无油无盐的白水煮面片，配一碟青菜头丝的小咸菜。北方面好，这样朴素的吃法，也有面本身滋味带来的满足感。浆水面也极有洛阳特色，是用绿豆浆发酵而成的汤煮面，味道倒是没有北京的豆汁儿那么冲，加些芹菜黄豆，极有豆香。

牛肉汤就要丰厚很多。洛阳人会先切几块钱的牛肉和牛杂，然后端在汤窗口，大勺的热气滚滚的汤浇上去，随即是油辣子、香菜，配上烙饼切丝，算得上是冬天最好的早餐，也有人会要碗甜汤喝，就是不放盐的牛肉汤。

想更丰盛些，就必然要去吃水席了。一个“水”字，倒是道出了河南人对汤水的喜好，所有菜都是汤菜，流水一样上来，让你在这干燥的旧都得到充足的滋润。

# 山西

外人遇到山西人，总会问“为何如此爱吃面或醋”的问题。答案还是靠山吃山。山西是重要的小麦产区，同样大面积栽培的杂粮是酿醋的上佳原料；醋能中和饮用水过高的硬度，并且帮助消化面食。

醋和面就这样和山西结下了天作之合，山西人也用自己源远流长的历史，形成了独特的饮食文化。有研究称公元前12世纪晋人就已经开始酿醋，有故事说阎锡山的士兵总是背着一个醋葫芦，有数据说山西早已是人均年食醋量10斤，省会太原人更高达18斤。烹饪各式菜肴喜欢加醋调味，更有甚者在稀饭、果汁里都得加上一勺醋，活脱脱一个个“醋坛子”，果不负“醋老西”的别称。

醋，面——两个字足以概括舌尖上的山西，却道不出其中的博大精深。桌上总有一壶老陈醋，「爱吃醋」回归了本意，一种味道让山西人爱了几千年。一把面粉变出近三百种花样，名字都是千奇百怪，不带「面」字却全是面食。

吃面也有个别致的叫法——跌面，有点类似隔壁老陕的咥面。不过在面食的种类和精致程度上，晋人将邻居甩到了身后。比如更多地使用了莜面、豆面等杂粮面，还有多种常作为菜品而非主食的面食，如栲栳、灌肠、碗脱、抿尖（抿圪抖）、剔尖、拨鱼儿、不烂子等，实在是“面食第一省”的不二竞争者。

于是，对于嗜酸、喜面的人来说，山西之行正是美食之旅。同样建议执着“米食”的旅行者，放弃对山西省内米饭炒菜（包括这里的川湘菜馆）水准的幻想，扎扎实实地一勺醋、跌一碗面，说不定另一个美食世界就在山西打开了。

醋厂。CFP 提供

# 刀削面

【返璞归真的面食艺术】

山西，街头削面。GETTYIMAGES 提供

大同人的早餐从一碗刀削面开始，山西的面食盛名也随着一家家打着刀削面招牌的饭馆，远播海内。

无论是网络还是半官方的评选中，无论是五大名面还是十大名面，山西刀削面从未缺过席。于是，以这种做法看似最为简单、原始的面条作为山西面的代表，实在是最为回归本质的；山西人如此直白地享受面食之美，并将其传承、发扬开来，也正是自信所在。

平实之处见功底。烹调出一碗可口正宗的刀削面绝非易事，要做到“绵软劲道、外滑内韧、软而不黏、越嚼越香”的特色，第一道工序和面就很重要。无论是面粉、水温、面水比例，还是揉面的技巧、力度等因素，都决定着面的耐嚼程度，是否易削而不易断。

接下来就是刀削的过程了。传统的工艺是一只手托着面团，另一只手起刀落，“刀不离面，面不离刀，胳膊直硬手端平，手眼一条线，一棱赶一棱，平刀是扁条，弯刀是三棱”，面叶要像银鱼、柳叶一般，飘入沸腾的锅中。大部分刀削面馆都会将煮锅摆在食客看得见的位置，于是观赏师傅削面就成了吃面前的热身，如今有些师傅更将面团顶在头顶、双手交替刀削，专为食客助兴；更有机器人刀削面的发明，挑战着食客的眼球。

捞起煮熟的面片，浇上卤子，一碗刀削面就做成了。品种繁多的卤子是刀削面调味的关键所在，番茄酱、炸酱、炒肉等比较常见。其实每一种炒菜都可以浇到面上，只要你喜欢。记得再加上几滴山西老陈醋哦。

## 何处吃

### · 山西会馆

太原小店区体育路7号

独特的山西建筑风格、仿古的装饰和家具，所见的每一件东西都可能已有百年历史，于此吃面，会有身为晋商的错觉。每道菜都很精致，有含刀削面、剔尖、刀拨面、拉面的四大面食套，也有含夹心面、饸饹、猫耳朵、抿面的粗粮套面。更喜欢自己去发现的话，其实刀削面在山西可谓“漫山遍野”，许多无名摊点各有特色，味道众说纷纭，或许你可以在其中找到你最爱的那一碗？

## 【那些名字奇怪的山西面】

**栲栳栳** 常用莜面，卷成一个个圆柱形的面卷，蒸熟后蘸卤吃，或者炒了再食用。

**碗脱** 以平遥和吕梁的最为有名，浅底小碗里一层薄薄的面糊蒸熟，凉调热炒均可。

**灌肠** 灌进肠衣的荞面糊，蒸熟后常冷吃，以清徐和榆次的有名。一些地方碗脱和灌肠混叫。

**猫耳朵** 搓成猫耳朵、或说更像小贝壳的面疙瘩，常拌上香菇、木耳、黄花菜等浇头。

**不烂子** 常用土豆、豆角、榆钱、槐花等拌匀面粉，直接上笼蒸熟后就可蘸酱食用。

**头脑** 太原最有名的特色小吃，煨面汤糊熬着羊肉还有黄芪、长山药等，又称八珍汤。

**炒饼** 可不是饼子切成一块块爆炒，而是切成细丝。于是比炒面更加劲道，更有嚼头。

# 醋

【千年滋味，一滴传承】

太原街头，当地人排队买醋。CFP 提供

如果说面是山西饮食的骨肉，醋就可以比作血液了。这不，“醋老西”的昵称就有一个古朴版本——醋老醯；醯发音同西，意乃醋的古称。老醯们对醋的喜爱，也不仅仅停留在口头上，民间酿醋的习俗仍然随处可见。

如今，在山西的乡村，还能经常闻到浓厚的醋味，看到一口口麻纸闷着的酿醋大缸，大缸随阳光的照射不停搬动；城里人也有自备醋缸，用粮食、柿子等酿醋的。当然，桶装、瓶装的山西老陈醋，是更多家庭的选择。

老陈醋者，更老的陈醋也。在山西，陈酿半年至一年时间的叫作陈醋。传统的酿造和时间的流转在醋缸里继续摩擦——超过一年，历经了春夏秋冬的四时变化，尤其是“夏伏晒、冬捞冰”的古老工艺，醋液终于浓缩到一半或更少，山西老陈醋也就可以出缸了。和酿酒一样，精品的老陈醋也有诸如5年、8年、10年陈酿的分别，愈久弥香。而一字之差的陈醋和老陈醋，价格相差2到10倍，总黄酮等营养物质的含量也有明显区分，这一切都是时间的力量。

在山西，餐桌上常备的醋壶，等着你往每一碗、甚至每一口食物中添醋再食，甚至在等菜的同时，也可先喝上一口开胃暖怀。老醋花生、醋炒鸡蛋、醋熘肉片、醋烹鸡腿等山西家常“酸菜”，同样不容错过。

## 何处吃

### · 德居源

平遥古城南大街82号

直接“吃醋”并不实际，找一家不错的家常菜馆，尝一尝地道的山西家常菜，记得蘸着陈醋即可。这家位于平遥古城明清街上的餐馆，由于曾经被Lonely Planet英文版*China*推荐过，已经成为老外享用平遥美食的首选地。家常菜肴味道的确不错，推荐菜品如下：香醋鸡蛋、平遥牛肉、干煸栲栳栳。

## 【山西醋PK 镇江醋】

作为中国四大名醋中最有名的两个（另两大名醋是四川阆中保宁醋和福建永春老醋），山西醋和镇江醋分别代表着北方和南方，是南北美食之争的另一大战场。山西醋是老陈醋，以高粱为主要原料加工而成，有名的牌子有东湖、水塔、四眼井等；镇江醋是香醋，以优质糯米为主要原料加工而成，知名品牌为恒顺香醋。

山西醋曾称镇江醋“酽而带药气，较之山西醋尤逊一筹”；不够酸叫什么醋——许多山西人在尝了镇江醋后会这样说。镇江醋的支持者则说山西醋过于酸，而且陈味过重，不适合南方人的饮食习惯。两者的势力范围也挺鲜明，华北山西醋占绝对优势，长三角则是镇江醋的天下。而在上海、北京这样的大都市，两者都有各自的家乡客，固守着故乡的酸味。

总体而言，山西醋更适合凉拌菜肴；佐食包子、饺子或海鲜时，镇江醋则更加适合。

# 西藏

到了西藏，几乎处处都可以闻到酥油的味道。刚到西藏的人，已经可以从感官上直接体验到西藏食物的神髓所在。酥油的作用与意义也涵盖了西藏人的宗教与世俗生活，除了宗教上的供神之用，它还是主要的食品。

领略藏族餐饮文化，不妨先从一碗酥油茶开始：地处高原、气候寒冷的西藏，酥油是最有代表性的高热量食物，酥油从牛奶中提炼出来，可增强抵抗低温的能力。配合砖茶一起打熬，就成了藏区历史悠久的酥油茶。因地域干燥，导致主要的农作物种类不多，所以食粮以当地盛产的青稞为主。青稞炒面就是主食糌粑，营养丰富、味香耐饥，是当地人随身携带的粮食。再进一步，青稞酿酒是西藏的特色酒，酸甜而不烈，解渴生津。因当年以放牧为主的生活形态，肉类以牦牛肉和绵羊肉进行风干，方便携带食用。

西藏中腹部地区是保留藏餐饮食最正宗的区域，这里也可以吃到来自西藏各地的菜式，而代表汉族饮食的川菜和回族的兰州拉面馆也在西藏大小城市里与藏族饮食共存了多年。与印度和尼泊尔甜茶同宗的藏式甜茶馆也是体验拉萨人休闲生活的好地方。

在饮食上独树一帜的，是南部的林芝，又称为西藏的小江南，这里气候湿润土地肥沃，盛产稻米，还能饲养鸡禽和猪，是西藏别具口味的美食重地。在林芝地区，能吃到松茸烧藏鸡、虫草炖鸭、烤藏香猪等美味丰盛的肉宴，还有土制血肠、土巴（藏式腊八粥）。其他地区，如接近四川的昌都，有了川菜的影子——豆浆油条遇上醪糟，牦牛肉的川辣式吃法，干煸蔬菜的种类也多起来。北部阿里地区，由于地域干燥又靠近新疆，饮食文化也受到一定的潜移默化，比如这里可能吃到馕饼。面条在藏北阿里的饮食里是稀罕之物，更几乎与稻米无缘。

萨，当地人的早餐，牦牛肉面条。GETTYIMAGES 提供

# 甜茶馆

【带着阳光味的小确幸】

拉萨的甜茶馆。金海 摄

西藏的甜茶是微甜的，奶味淡淡，却温滑暖心。在西藏慢步调的生活里，你会发现似乎所有最幸福的事都围绕着甜茶馆发生：转经、晒太阳、遛狗、休憩聊天、打牌游戏、打情骂俏……

西藏的甜茶馆主要在拉萨、日喀则等大城市，又以拉萨甜茶馆最多，集中在八廓街和布达拉宫附近。甜茶馆之于拉萨人，如同咖啡馆之于法国人，除了休闲的氛围，还是人们高谈阔论和小道消息的集中地。有趣的是，比起内地的很多餐饮场所，西藏的甜茶馆是没有飘香气味的。要寻找一家甜茶馆，不能循着气味去找，除了GPS，就只能通过看店的牌匾，而一个偏门的方式，是看转经之后大家落脚的方向，或是午后最多自行车、摩托车停放的店面，很可能就是最好的甜茶馆。

传统的甜茶，室内昏暗而拥挤，简单的藏式布置，木头桌椅，茶客每人面前一个简陋的玻璃杯子，再加上一壶20世纪90年代设计的热水瓶就是享受甜茶的全部。大的甜茶馆总是座无虚席，茶客三五成群坐得挤挤的像是取暖，室内实在坐不下了，人们会拿着杯子坐到室外甚至是露天的台阶上。一个人去喝甜茶稍微有点寂寞，几毛钱一杯够你发呆几十分钟；两三知己一起，可以喊“啊佳”（女服务生）送上几块钱一大壶，享受一下午的相聚时光。甜茶馆还是一个充满善意的殿堂，西藏人有布施的习惯，在甜茶馆喝茶时，会不时有乞丐前来乞讨，当地人也乐意把桌面上的零钱捐出。如果没有零钱，可以说一声“敏度”（没有钱），乞丐会礼貌走开；如果给了零钱，行乞者会祝上一句“扎西德勒”（吉祥如意）。

## 何处吃

### · 光明甜茶馆

位于拉萨大昭寺外一条窄小巷子的藏式建筑内，是西藏民主改革后拉萨的四大茶馆之一，经营着非常传统地道的甜茶，与新式的甜茶馆相比，老光明甜茶馆明显较为俭朴破落，旧时的建筑乃至没有靠背的长椅也是十几年不变的粗糙模样。和煦的阳光之下，资深的老茶客，欢声笑语交织，加上传统的调制甜茶方式，组成了这家老甜茶馆的独特气质。

## 【甜茶的身世之谜】

众人皆知甜茶在西藏是“舶来品”，但到底是来自何方，则一直找不到标准答案，一说可能是两百年前，英军入侵西藏时，把下午茶的习惯也留了下来。另一说是雍正期间，大批的克什米尔难民（回民）逃难到西藏，最早在西藏的穆斯林做起了甜茶的生意以流传下来。还有一说则是受邻近国家印度拉茶和尼泊尔奶茶习俗的传播，商人往来渐渐产生了藏式甜茶。

对比这不同类型的奶茶，浓郁芳香的英式奶茶是以红茶加鲜奶制作。而伊斯兰等国的传统甜茶是纯红茶为主角配以方糖，并没有奶制。重口味的印度拉茶有加入MASALA香料，以新鲜牛奶加入豆蔻、茴香、肉桂、丁香和胡椒等多种配料煮成。鲜甜的尼泊尔奶茶则以简单的红茶加鲜奶煮成。西藏的甜茶在制作与口感上看来，近亲更可能是尼泊尔奶茶，但藏式甜茶制作与材料比起以上的老大哥们，更为简单随意，通常西藏甜茶馆里的甜茶都是红茶加奶粉调制而成。这也怪不得很多旅者在拉萨爱上甜茶，然后行走至尼泊尔和印度之后，可以彻底忘掉藏式甜茶而转投印度拉茶和尼泊尔奶茶的怀抱。

# 糌粑

【朴素原始的青稞炒面】

当地人制作糌粑。CFP 提供

糌粑也叫青稞炒面，原料青稞是藏区特有的粮食作物。西藏是世界上唯一大面积集中种植青稞的地区，于是青稞炒面毫无悬念地成了藏族人的主食。藏人一日三餐吃的都是青稞炒面，品种一般分为“乃糌”（青稞糌粑）、“散细”（去皮豌豆炒熟磨成）、“散玛”（豌豆糌粑）、“白散”（青稞和豌豆混合磨成）四种。简单说吃糌粑就是将青稞麦炒熟、磨细，不除皮地吃。过程得先将酥油溶化在适量热茶中，然后加上少量的青稞粉，搅拌成团状后，用手捏成形状直接进嘴吃。

传统的藏区生活以游牧为主，气候环境恶劣，随身携带简单的青稞粉，随时进食也是食用糌粑的另一道饮食风景。在藏区行走，藏人会随身带上三样东西：木碗、腰束和“唐古”（糌粑口袋）。每到就餐时间，他们便团坐在一起，各自从行囊中取出食具食材，先在木碗装些糌粑，倒入酥油茶，然后不停转动着碗，并用手指紧贴碗边把炒面压入茶水中，将青稞面、茶水和酥油充分拌匀，手捏成干中有点润湿的黏团，就可以进食了。通常吃一小团，便能供身体抵上半天的能量。

不过，并不是每个人都有一个爱吃糌粑的胃，对于这款近乎没有味道、口感也不诱人的朴素食物，藏区城市人的舌头也在因应做出微妙的小改变，比如适量加上白糖和奶渣，增添美味口感也更好。未来的糌粑味道会继续演化成怎样我们不得而知，但这款近乎原始的朴实食料是如此独一无二，是每个到过西藏的旅人一生难忘的饮食体验。

## 何处吃

吃地道的糌粑其实用不着专门找馆子，如果有幸被邀请，那么其实走进任何一家西藏人家，都能吃到。在藏族人家里做客用餐，主人一定会双手端来一碗糌粑和酥油，还有奶黄的“曲拉”（干酪素）。实在要下馆子，去藏餐馆，也能点到。如果是外地人，最好在西藏选会说汉语的藏餐馆，比较适合外地人的口味，还能给你一些吃法的建议，教你如何选择合口的糌粑。

## 【糌粑的伴侣——酥油茶】

糌粑的口感粗糙干燥，而且没有味道，下咽比较难。所以吃糌粑的最好伴侣就是藏式传统的酥油茶。酥油茶是藏族人的主要饮品，一天到晚都离不开，藏族人把酥油用来祭祀，也用来打成酥油茶饮用。酥油茶的主角酥油是从牛、羊奶中提炼出来，提炼酥油的传统方法是先将鲜奶加热，然后放入酥油桶中搅成酥油。而茶通常选自从茶马古道运过来的云南茶叶或砖茶，用水久熬成浓汁，再把茶水倒入酥油茶桶。再放入食盐，使劲上下抽回酥油桶，搅得油茶交融，然后倒进锅里加热，便成了香气扑鼻的酥油茶。酥油茶喝起来咸里透香，甘中有甜，它既可暖身御寒，也能迅速补充营养热量，是尽快适应高原生活（尤其是高原反应身体不适者）的良药。

来到藏族人家中，喝酥油茶的规矩，是主人必须给客人倒上近乎满溢的酥油茶以表示热情，由于酥油茶烫热，喝时先吹开上层的酥油。如果喝了一半，意味着需要主人再度加满，所以如果不想喝可以不必动。离开之前礼貌上需要把它喝光但不要完全见底，留下薄薄的油底即可。

# 老饕

中国人那么会吃，美食家自然不少。为了一口珍馐美馔不断学习和尝试，每个人都好像开创了自己的门派，从此孜孜不倦地耕耘。

要成为老饕，也不那么容易。首先，得遇上好光景。当时的社会需要高度发达，才可能提供丰富的食物，比如说宋朝就几乎奠定了后世菜肴的走向。其次，要能写。诗词歌赋无所不通，锦绣文章信手拈来，能把一道菜写得让人看着文字就流口水，也能把生平吃过的菜都集书成册，为后世造福。

**| 孔子 |**

老夫子作为一代圣人，影响了中国几千年，不过作为一代美食家，倒是没有被后人太多关注。一句“食不厌精，脍不厌细”，直接把当代美食的趋势都说尽了。他还在《论语·乡党》规定了很多饮食标准，“食饐而餲，鱼馁而肉败，不食。色恶，不食。失饪，不食。不时，不食。割不正，不食。不得其酱，不食。”变质的不吃，火候不对的不吃，不合时令的不吃，肉类切割不到位的不吃，酱料不对不吃，饭菜比例不对也不行，吃饭不能说话，饮酒要用规定的酒器……据说在《论语》之中，“政”和“食”出现的次数相当，可见孔夫子多么迫切地想告诉大家他对于吃的经验，经久不衰的孔府菜是不是由此而来？

**| 乾隆皇帝 |**

时常有一些批评文章，说现在很多菜肴都在攀附名人，其中乾隆皇帝“被出镜”最多。哎，谁让他老人家折腾了六次下江南，所到之处，无一不留下他与某道名菜的传说？江浙烹饪大军屡次受到检阅，扬州徽商江春更是以“一夜堆盐造白塔，徽菜接驾乾隆帝”而声名大振。

皇帝到底爱吃什么？《清宫扬州御档》收录了他后三次南巡至扬州期间的饮食档案。每餐都要吃鸭子，但却从不问水产；在天宁寺吃不少素菜，还赞赏过文思豆腐；各地名厨都被选来效力，每一道菜都注明出自何人，其中张东官还被直接带进宫中成了御厨。不仅如此，乾隆爷更懂得膳食养生，因此才成为历史上“待机”最长的皇帝。

**| 袁枚 |**

中华书局出的《随园食单》，设计得特别古朴，打开一看不得了，绝对是一本到现在都能使用的菜谱。作者袁枚出身杭州，是乾隆年间著名的诗人和诗评家，与纪晓岚齐名。他33岁就辞官在南京购置了宅子取名随园，还拆了围墙供大众游览，并写下了《随园食单》以宣传私家菜肴。

全书从须知单、戒单开始讲了下厨的要领，又分了十多个方面来讲各种食材的做法，用大量的篇幅详细记述了中国从14世纪至18世纪流行的300多种南北菜肴和点心，以及美酒名茶。于是，这位“专业诗人”的知名度大增，比在官场博弈要得意太多，堪称自由职业的典范，也是美食界的赢家。

| 民国吃客 |

这个时代诞生了太多大师，他们不仅品尝美食，还指导饭馆的厨师创新不止，如“张先生豆腐，马先生汤，胡博士鱼”一类的菜肴层出不穷。鲁迅在北京居住的14年，吃了65家馆子，还在日记里留下不少笔墨。胡适把家乡绩溪的一品锅都带出了国门，还经常在家中以此宴客。于右任对家乡三原的美食念念不忘，现在当地还有不少经典小吃。张大千爱麻辣醇香，对食材的新鲜十分讲究，在敦煌还就地取材发明了不少当地菜。

身为前朝皇亲的唐鲁孙先生，自号“馋人”，吃遍了大江南北的名店和小摊，囊括了内地和台湾。读着他所撰写的六卷全集，仿佛看到一部生动的食物变迁小史，令人不由地进入他所在的时空悠游，时刻为每一种美食而倾倒。

| 苏东坡 |

单看苏先生的生平就能发现，这是个豁达乐观之人。他一生宦海浮沉，奔走四方，吃得未必精细，却有接受一切食物的宽广之心，从粗茶淡饭中也能品出真味。找到食材成为美馔的时机，才能当之无愧成为美食发明家。东坡肉流传最广，他甚至写了篇《猪肉颂》来阐述做法。除了杭州的这道之外，在昔日国都开封还有道清汤的做法，而从他被贬至黄州时候就已经有了雏形。

“尝项上之一脔，嚼霜前之两螯。烂樱珠之煎蜜，滃杏酪之蒸羔。蛤半熟而含酒，蟹微生而带糟。”这是他在《老饕赋》里说到的一桌理想宴席。不是什么山珍海味，却搭配得恰到好处。而“日啖荔枝三百颗”，“正是河豚欲上时”等，更是大家耳熟能详的句子。走得远，看得多，又造福了那么多人的餐桌，他堪称真正的美食家。

| 你 |

没错，说的就是你。喜欢边吃边游，为一味地道的美食不惜跑断双腿，吃到正宗的佳肴时感动得要落泪。吃前必须要以手机“试毒”，别人看来是在炫耀，其实是面对每一道美食的情不自禁。爱看美食书，也许会尝试着去做菜，还不时爆发小宇宙，自创一些独门秘制。这样的你，也是老饕无疑。

GETTYIMAGES 提供

# 幕后

## 我们的作者

**钱晓艳** 江苏，上海，浙江，安徽，面条，豆腐，惊悚美食，老饕

**敖碧仪** 广东，西藏

**崔　群** 福建，湖北，茶

**丁海笑** 西北小吃，牧区酸奶

**胡　圳** 酒

**李沐泽** 牛肉面

**沐　昀** 西北，三套车

**尼　佬** 四川，重庆，广西，河南，米，火锅，中国海岸线，夜市

**沈鹏飞** 陕西，新疆

**孙　澍** 山东，山西

**杨　蔚** 天津，贵州

**叶孝忠** 味在中国是一种道，香港，台湾

**易晓春** 湖南

**张世秋** 澳门，云南，东北

**周文飞** 海南，北京

**欧阳应霁** 知食走天下（特约作者）

## 作者致谢

感谢黄美兰、蔡理、陈美朱、陈盼、程源、崔建楠、崔水生、大怪、方光秀、高宏松、何望若、何伟杰、胡敏、胡艳梅、黄侃淳、黄洁、黄淞、贾丽艳、李佳璐、李小可、林宜屏、林智杰、骆莹莹、孟林云、牛红鹤、宋兴文、苏鹏、苏薇、孙骏、王安华、王平年、王竹、吴爱达、谢滢、杨爱群、野孩子Nelly、张涛、张婷、张宇、郑慕雅和庄方在本书制作过程中为我们提供的帮助，感谢所有陪我们一起吃喝的朋友们。

## 声明

封面图片和全书插画由佟雪莹绘制。

## 关于本书

这是Lonely Planet《101中国美食之旅》的第1版。

本书由以下人员制作完成：

**项目负责** 关媛媛

**内容统筹** 谭川遥

**内容策划** 刘维佳

**视觉设计** 李小棠　尹家琤　佟雪莹

**协调调度** 丁立松　富晓敏

**责任编辑** 马珊　孙经纬

**特约编辑** 郭宇廷

**流　　程** 李晓龙

**终　　审** 朱萌

**排　　版** 北京梧桐影电脑科技有限公司

感谢罗霄山、梁含依、王飞对本书的贡献。

## 说出你的想法

我们很重视旅行者的反馈——你的评价将鼓励我们前行，把书做得更好。我们同样热爱旅行的团队会认真阅读你的来信，无论表扬还是批评都很欢迎。虽然很难一一回复，但我们保证将你的反馈信息及时交到相关作者手中，使下一版更完美。我们也会在下一版特别鸣谢来信读者。

请把你的想法发送到**china@lonelyplanet.com.au**，谢谢！

请注意：我们可能会将你的意见编辑、复制并整合到Lonely Planet的系列产品中，例如旅行指南、网站和数字产品。如果不希望书中出现自己的意见或不希望提及你的名字，请提前告知。请访问lonelyplanet.com/privacy了解我们的隐私政策。

定土楼，晒制的柿子。GETTYIMAGES 提供

# 旅行读物全新上市，更多选择敬请期待

在阅读与观察中了解世界，激发你的热情去探索更多

- 全彩设计，图片精美
- 启发旅行灵感
- 轻松好读，优选礼物

**保持联系**
china@lonelyplanet.com.au

我们在墨尔本、奥克兰、伦敦、都柏林和北京都有办公室。联络：lonelyplanet.com/contact

关注官方微博：@LonelyPlanet

关注官方微信：LonelyPlanet-CN

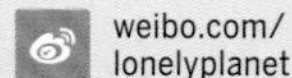
weibo.com/lonelyplanet

lonelyplanet.com/newsletter

facebook.com/lonelyplanet

twitter.com/lonelyplanet

**"只要决定出发，最困难的部分就已结束。那么，出发吧！"** 托尼·惠勒（Tony Wheeler），Lonely Planet联合创始人